AF245452

ESSAI

SUR

LES DOCTRINES MÉDICALES,

SUIVI DE .

QUELQUES CONSIDÉRATIONS SUR LES FIÈVRES.

RIGNOUX, Imprimeur de la Faculté de Médecine, rue Monsieur-le-Prince, 29 *bis*.

ESSAI

SUR

LES DOCTRINES MÉDICALES,

SUIVI DE

QUELQUES CONSIDÉRATIONS SUR LES FIÈVRES.

PAR

Paul-Émile CHAUFFARD,

Docteur en Médecine,
ancien Interne des hôpitaux de Paris,
Lauréat (Médaille d'or)
et Membre correspondant de la Société royale de Médecine
de Bordeaux.

> Il faut le dire, car on ne le saura jamais assez, tout sort des doctrines.
>
> (F. DE LAMENNAIS, *Essai sur l'indiff.*, ch. 2.)

PARIS.

J.-B. BAILLIÈRE, LIBRAIRE,

rue de l'École-de-Médecine, 17.

1846

A MON PÈRE,

H. CHAUFFARD,

Médecin de l'hôpital d'Avignon,
Officier de la Légion d'honneur,
Membre correspondant des Académies de Médecine de Paris,
de Turin, de Philadelphie, de Madrid.

Je ne vous dois pas seulement l'hommage d'un fils à son père; je vous dois encore celui d'un élève à son maître. Vous m'avez donné les premiers enseignements, et en réalité, ne les ayant jamais perdus de vue, ni épuisés, ils se continuent encore à ce jour. C'est en vous suivant au lit de l'homme malade, que j'ai conçu une admiration vraie pour la nature vivante, et pour le médecin qui la sait observer et comprendre. Vous m'avez pénétré du sentiment profond de ces deux vérités : *Natura morborum medicatrix — medicus naturæ minister et interpres.* Ce sentiment, que n'ont su affaiblir les préjugés contraires, est devenu ma plus fidèle pensée et la source première de mes convictions actuelles. Je m'essaye à les exposer pour vous les soumettre. Puissiez-vous m'être un juge impartial et sévère, vous qui m'êtes un père si affectueux et si dévoué!

AVANT-PROPOS.

Il est en médecine une antique doctrine,
un mot populaire, le vitalisme. Pour le plus
grand nombre, cependant, cette expression
ne couvre que notions confuses, que suppositions arbitraires, qu'hypothèses métaphysiques. On accuse vaguement ceux qui se
disent vitalistes de vouloir ramener la science
vers les abstractions réalisées, de person-
nifier un principe de vie, et, dépassant ainsi
les faits et l'observation, de rejeter la médecine dans le champ des libres rêveries, des
conceptions imaginaires. Ces reproches, qui
sont acceptés de presque tous contre le vitalisme, on les adresserait volontiers à toute
doctrine; l'on voudrait aujourd'hui observer
et pratiquer, en échappant à cette domina-
tion importune.

Je viens présenter les opinions contraires. J'essayerai d'abord de démontrer que sans doctrine, la science et l'art médical ne peuvent exister ; que tous, même ceux qui semblent s'y refuser, obéissent à des notions doctrinales. Je rechercherai ensuite quelles sont les doctrines médicales rigoureusement possibles ; je tenterai leur discussion, et mettrai mes efforts à faire ressortir les principes constituants du vitalisme ; quoique indigne peut-être de toucher à ces questions, je développerai les dogmes essentiels de cette philosophie à la fois simple et féconde, modeste et hardie, qui pose l'homme vivant tel qu'il est, dans sa réalité sévère, et le juge par ses seuls rapports de causalité.

J'aurai pour appui, dans tout le cours de ce travail, une haute force morale, sans laquelle je n'eusse pas même osé commencer. Cette force m'est donnée par deux mille ans de glorieuse médecine. Car j'ai rencontré comme déduction nécessaire des principes premiers de la doctrine vitaliste chacune de ces grandes vérités, qui, depuis le fondateur de la science, sont restées proclamées, à travers les temps, par tous les véritables observateurs, et composent ainsi l'immortel hippocratisme. De telle sorte que vitalisme et hippocratisme représentent, sous deux faces, une seule idée, une même doctrine. Le vitalisme, c'est la doctrine conçue dans son expression première, développée par les efforts réfléchis de la raison, c'est un ensemble de notions trouvant leur raison d'être, l'une dans l'autre, jusqu'à ce que l'on atteigne à la notion suprême, à un principe qui résiste à tous les ébranlements, et se démontre en forçant les convictions. En un mot, le vitalisme est l'œuvre du médecin philosophe. L'hippocratisme est cette même doctrine sentie au lit de l'homme souffrant, découverte par ce regard inspiré qui suit et étudie avec avidité tous les mouvements de l'organisme malade; c'est cette sorte de génie appelé médical, qui sait lire dans le livre profond de la nature, pénétrer sa pensée et l'exprimer d'emblée. L'hippocratisme est l'œuvre admirable du médecin observateur.

Toutefois, à ce point de vue, le vitalisme a sur l'hippocratisme les avantages que la raison a sur l'inspiration. Ce que la raison démontre et affirme est certain de soi; ce que l'inspiration proclame seule est contestable, et elle ne peut répondre, avec toute fermeté, à ceux qui doutent et qui nient. La raison, guide puissant, assure dans les pas difficiles, signale le danger et l'erreur; l'inspiration n'est pas toujours maîtresse d'elle-même, et nous laisse trop souvent incertains entre le vrai et le faux, poussés de l'un vers l'autre, sans point fixe où nous puissions nous affermir. En outre, dans les temps d'anarchie et d'erreur, la raison devient l'arbitre nécessaire. Elle seule peut lutter contre les faux systèmes, contre les hypothèses ambitieuses; non la voix inspirée, qui, méconnue, se tait alors, comme si elle sentait son impuissance. L'histoire médicale, dès ses commencements, témoigne de tous ces faits.

Aussi est-il un double rêve qu'en mon amour ardent pour notre noble science je voudrais voir se réaliser : le premier serait que, dans la chaire, l'enseignement assidu, constant, fût celui d'une saine doctrine, d'une philosophie élevée; en second lieu, je voudrais qu'au lit du malade, l'enseignement devînt l'interprétation de la nature vivante, que l'on montrât l'incarnation, pour ainsi parler, des notions spéculatives livrées par la raison, que l'on apprît enfin à comprendre le sens doctrinal des actes vitaux. La raison et l'inspiration s'établiraient ainsi en union féconde; au lieu de n'avoir que des rapports trop souvent indirects, la science

et l'art se pénétreraient, se confondraient
invinciblement. La médecine verrait s'ouvrir
une ère nouvelle.

Les doctrines et les idées existent par elles-
mêmes, indépendamment de leurs manifestations variées. Ces dernières dépendent du
temps et des hommes; les premières ont
leur valeur absolue. Ce sont celles-ci que
j'aurai surtout en vue dans ce travail; je les
examinerai dans leur simplicité et dans leur
rigueur; je ne descendrai guère dans les faits
spéciaux; j'envisagerai plutôt ce qui doit être
que ce qui est. Ainsi, un principe étant
donné, j'établirai ses conséquences, sans
m'inquiéter s'il est des médecins qui ad-
mettent le principe et désavouent les déductions, ou acceptent les unes et renient les
autres. Ce n'est pas justifier un principe,
mais le condamner, que de refuser ses affirmations logiques. D'un autre côté, il m'arrivera souvent de démontrer que telle notion
est incompatible avec telle autre, et que si
l'on adopte certains enseignements, il est
tout un monde de vérités qu'il faut rejeter.
Que m'importe si, par un autre genre d'inconséquence, il en est qui reçoivent comme
réel ce qu'ils devraient tenir pour illusoire?
N'est-ce pas avouer un point de départ mau-

vais, que d'être forcé d'y faire défaut? Au demeurant, l'on peut être convaincu que l'on ne saurait avoir ses racines dans l'erreur, et se développer largement dans le vrai. Cette forme toute didactique et rationnelle, que j'ai adoptée, si elle est plus abstraite, me paraît plus sévère; elle permet moins qu'une autre de s'égarer dans les détails, et laissant mieux voir l'enchaînement des idées, elle montre la toute-puissance des vérités premières.

ESSAI

SUR

LES DOCTRINES MÉDICALES.

DE LA NÉCESSITÉ D'UNE DOCTRINE.

L'histoire de la médecine offre bien des enseignements, soit que l'on étudie ses moments de bonne inspiration, soit que l'on se reporte à ses époques de déviations et d'erreurs; mais, à coup sûr, son enseignement le plus saillant et le plus fécond est de démontrer la large part d'influences qu'ont exercées, dans tous les temps, les doctrines médicales régnantes. Si l'on ne s'arrête pas à la biographie, si l'on dépasse l'examen des œuvres particulières pour remonter jusqu'à ce qui peut donner la raison des faits généraux et de cet ensemble que présente la science à ses phases diverses, on reconnaît que ce n'est pas le hasard des circonstances, que ce ne sont pas les facultés individuelles des hommes qui rendent compte des variations de l'art de guérir, mais que, par-dessus tous ces accidents, s'élève l'action puissante des notions doctrinales et philosophiques. C'est là seulement ce qui explique cette influence que l'on peut appeler hippocratique, qui, depuis deux mille ans, n'a pu s'éteindre, quoique s'obscurcissant parfois, et qui a fait le caractère spécial de tant de médecins grands de nom et de génie.

Mais aussi, n'est-ce pas à contester l'influence des doctrines que l'on s'attache le plus aujourd'hui. Oui, leur action est grande, on en convient, mais si on lui doit quelques progrès, on lui doit aussi bien des erreurs. Pourquoi donc ne pas laisser en oubli ces questions aussi dangereuses que difficiles? Pourquoi les soulever et les étudier sans cesse? Par quelle nécessité et à quelle fin? Ne peut-on pas entrer dans la science de l'homme vivant et malade, sans entrer dans ces obscures régions de philosophie dite médicale, et ne peut-on connaître et exercer l'art de guérir sans se faire croyant au milieu de ces disputes éternelles? Ceux qui émettent ces réflexions ne pensent pas les démentir eux-mêmes. Que diraient-ils si on leur donnait cette démonstration facile qu'à leur insu ils ont et professent une doctrine dont ils ignorent la formule première, il est vrai, mais dont ils développent et appliquent les conséquences? Que diraient-ils si, de cette maladie spéciale qu'ils définissent, décrivent et expliquent d'une certaine façon, on les faisait remonter malgré eux jusqu'aux plus hautes questions de doctrine, jusqu'à une notion correspondante de la vie? La maladie, en effet, n'est-elle pas une forme de la vie, un mode de sa manifestation? et la définition d'une maladie, c'est-à-dire de la vie ayant telle forme, n'implique-t-elle pas la définition de la vie en général ? Se prononcer sur l'une, c'est donc se prononcer sur l'autre.

Quoi qu'il en soit de cette inconséquence, et quel que soit son sens caché, c'est presque une nécessité du jour que de justifier par avance un travail de doctrine, tant ces recherches de premier ordre, ces études générales, sont estimées vagues abstractions, dissertations vaines, où la vérité et l'erreur marchent à côté confondues et inséparables. On croit à la vérité de ce que les sens ont à portée, non à une autre. On n'ose toucher aux voiles qui couvrent tout ce qui pourrait être point de départ, principe, vérités premières, et ne soutenant rien pour vrai, on se dit à l'abri de toute erreur. Enfin, on professe l'oubli, l'indifférence et l'inutilité de tout ce qui est examen philosophique, doctrine médicale. Ce sont là de funestes égarements. Ils conduisent si loin de la vraie science que l'on arrive bientôt au milieu des parties ruinées, et l'on se demande alors si la médecine peut avoir une assiette ferme et offrir quelque certitude. L'on tombe dans les régions désertes et inanimées du doute.

En effet, pour ces médecins sceptiques ou indifférents, toute la science se réduit forcément à une pure phénoménalité. Ils ne savent où rencontrer sa raison d'être ; ils ne peuvent rattacher à aucun point fixe ces formes fugitives ; car ce sont précisément les points fixes, c'est-à-dire les principes, qu'ils renient. Mais si l'on n'a pas la raison d'être d'un phénomène, on ne peut avoir sa signification, sa tendance; à plus forte raison doit-on ignorer s'il convient de le modifier, et comment. Le scepticisme et l'indifférence en matière de doctrine sont donc la ruine absolue de l'art. C'est là, au point de vue d'une raison abstraite, un résultat rigoureux.

La pratique subsiste pourtant, c'est-à-dire que l'on parvient toujours à en sauver quelques débris. C'est que toujours celui qui professe l'erreur fournit lui-même quelque preuve de son erreur. Les préceptes de pratique sauvegardés le sont contre toute raison. L'on est parti du doute, et l'on arrive à l'affirmation; car pratiquer l'art, c'est affirmer; que prouve cela, sinon que l'on n'a pas le droit de poser le scepticisme absolu comme point de départ inévitable; le doute n'a d'autre aboutissant que le doute. Le médecin sceptique ne peut donc saisir une indication et la remplir qu'en reniant ses principes; c'est alors une de nos grandes misères, l'inconséquence, qui vient atténuer une misère encore plus grande, l'erreur.

Si funeste que soit le scepticisme en matière de doctrine, bien des médecins ont cru, de nos jours, le justifier : « La philosophie d'une science, disent-ils, est la dernière œuvre qui se doive accomplir. On n'atteint aux vérités suprêmes, à ces principes qui couronnent l'édifice, qu'en passant par tous les faits particuliers, qu'en amassant observations et détails, pour, de là, monter au faîte. Il faut donc chercher, découvrir et enregistrer des faits, et toujours des faits, pour que ce jour arrive où leur quantité permettra de déterminer les vérités premières, jusque-là hors de notre portée. Il est fâcheux de réduire la science à une simple constatation de phénomènes ; il est vrai que cela rend la pratique incertaine, sans fondement ; mais tout cela est un mal nécessaire ; il diminuera chaque jour, à mesure que l'on approchera du but ; mais en attendant, il faut se faire humble et marcher à l'achèvement de la science ; là seulement est le repos dans la vérité. En un mot, pour aujourd'hui, il faut analyser ; la synthèse viendra plus tard. » Pour appuyer ces raisonnements, on fait remarquer que deux puissants moyens d'analyse, la physique et la chimie modernes, ne sont introduits que d'hier dans la médecine ; on cherche, en outre, à pénétrer plus avant dans l'anatomie pathologique, à l'aide du microscope ; on étale les résultats de ces investigations laborieuses ; on s'efforce de faire entrevoir qu'investigations et résultats peuvent aller beaucoup plus loin, et l'on conclut en demandant le renvoi à l'avenir.

Ce sont là des paroles qui séduisent le plus grand nombre, parce qu'elles suppriment de la science ces parties élevées qu'une méditation constante, laborieuse, permet seule d'atteindre.

Je dirai tout d'abord qu'au fond de ce qui précède, il y a confusion dans les mots et dans les choses. On a confondu et assimilé théorie et doctrine ; ces termes correspondent pourtant à des notions bien dissemblables, et si ces raisonnements, qui ont faveur aujourd'hui, peuvent convenir à ce qui est théorie, ils ne sauraient s'appliquer à ce qui est doctrine. Sous ce rapport, il sera aisé de les réfuter.

N'est-il pas évident, à première vue, que ceux qui placent dans l'avenir un si haut espoir se heurtent à une impossibilité? En effet, qui osera jamais dire de cet avenir attendu : le voilà! Qui pourra dire : les faits connus suffisent; à cette heure, il faut synthétiser, arriver aux principes, établir la science sur sa base? Combien il faut méconnaître le génie de la médecine, pour nourrir de pareilles illusions! La médecine est sans fin, ou plutôt sera toujours renaissante et nouvelle; elle a pour sujet les actes vitaux de l'organisme humain, et ceux-ci seront inépuisables à l'observation; car ils sont sous la dépendance de causes essentiellement changeantes, de toutes ces conditions extérieures, si complexes et si mobiles; les manifestations morbides sont donc destinées à varier à l'infini, comme les causes qui les déterminent.

Il y a plus : j'ai démontré plus haut que la phénoménalité exclusive était impuissante à constituer une science, qu'elle amenait au doute, à une ruine complète. Qu'importe alors qu'on en étende les limites? On aura beau ajouter des phénomènes à des phénomènes, des apparences à des apparences, ce surcroît de nombre pourra-t-il jamais leur donner ce qui leur manque, établir leur raison d'être? Par quelle voie cette étude, qui veut dresser un immense catalogue de formes, conduira-t-elle à connaître une existence réelle, un être substantiel?

Entre l'image et la réalité, n'y a-t-il pas un abîme infranchissable pour qui rejette les principes, ce seul appui qui permette de passer de l'une à l'autre ?

Il y a plus encore : ce pur empirisme, que créerait l'étude de la phénoménalité isolée, est si évidemment la négation de toute science, il ressemble si bien à ce que seraient des mots auxquels tout sens manquerait, que personne ne le réalise entièrement. Personne, même parmi ceux qui en proclament la nécessité, ne se borne à constater des phénomènes ; en fait on les rattache toujours à une doctrine, ou à quelques idées systématiques ; en sorte que l'on observe cet aveuglement, de médecins qui débutent par nier ce qui presque aussitôt va diriger tous leurs mouvemens. Ainsi, suivant eux, il est inutile d'établir la doctrine de la vie, cette base de toute étude médicale ; ils ne veulent pas qu'on approfondisse cette notion, qu'on s'en serve comme d'un flambeau conducteur, et, tout à côté de cette défense, ils en placeront l'infraction ; car ils définiront soit la maladie en général, soit telle maladie particulière. Je le répète : qu'est-ce que la maladie, sinon une forme de la vie ? Ce que l'on dit de l'une ne se doit-il pas dire de l'autre ? Vous soutenez que la maladie résulte de l'altération des solides et des liquides, et des troubles fonctionnels ; n'est-ce donc pas affirmer aussi que la vie résulte de l'organisation des solides et des liquides, et des propriétés fonctionnelles de cette matière organisée ? n'est-ce pas là l'expression, nette et positive, du matérialisme ? Mais j'abandonne cette discussion trop importante pour être traitée incidemment ; d'autant plus que bientôt elle doit se présenter d'elle-même.

Pour le moment, mon but est atteint, si j'ai droit à émettre cette conclusion : que, sans doctrine, la science de l'homme vivant n'existe point, parce qu'on ne peut appeler science un amas informe de faits, de mots, d'incertitudes, de débris épars.

DES DOCTRINES MÉDICALES POSSIBLES. — DE L'ANIMISME. — DU MATÉRIALISME. — DU VITALISME.

Une doctrine doit dominer la science, en être la notion souveraine ; il faut donc qu'elle s'applique à un fait souverain. Or, il est un fait supérieur à tous les faits dans la science de l'homme, sain ou malade, c'est qu'il vit. Ce fait de la vie établit le caractère nécessaire, essentiel, de l'être humain ; tous les actes de l'organisme, si complexes qu'ils soient, se subordonnent à ce fait principe, l'accidentel, le particulier se subordonnant toujours à l'élément nécessaire, constant. Il est donc une notion qui se superpose à toutes les notions, c'est celle qui a pour sujet le fait de la vie. Comment la faut-il comprendre ? C'est là ce que doit enseigner une doctrine médicale.

Il en est du fait de la vie comme de tous les faits,
dans toutes les sciences. On n'obtient la valeur d'un
fait, on n'arrive à sa signification, qu'en le rattachant à sa cause; elle seule peut donner la raison
d'être d'un acte, d'un phénomène : c'est là le point
fixe auquel on vient forcément aboutir. Aussi nul
de ceux qui veulent une science ne songe à s'en
départir; tous vont chercher, dans l'étude des causes,
cette notion, qui doit leur servir à juger les apparences qu'ils observent.

Seulement, il est deux genres de causes, et cette
distinction est capitale; dans l'un, on appelle cause
la manière dont un effet est produit : alors rechercher la cause d'un phénomène, c'est chercher par
quel mode il s'effectue, c'est pénétrer le secret de
sa production.

Dans le second genre, on appelle cause ce qui
fait que tel phénomène succède à tel autre, cette
puissance, dont l'action engendre la succession des
phénomènes que l'on observe; dans ce cas, expliquer les faits, c'est faire connaître les lois qui pré-
sident à leur apparition, à leurs transformations,
c'est-à-dire l'ordre et les règles que suivent les effets produits, mais non le mode, le comment, de
cette production.

J'ai dit que cette distinction de deux ordres de
causes était capitale; elle établit, en effet, deux façons d'étudier le fait de la vie, suivant qu'on le rapporte à l'un ou à l'autre genre.

Car, d'un côté, on veut pénétrer le mode de production de la vie, voir comment s'obtient ce résultat : la nature vivante est alors une énigme qu'il faut comprendre, expliquer. D'un autre côté, on étudie la vie dans ses manifestations diverses, en les rattachant à la cause qui les maintient, et en ordonne la succession. Le but n'est plus alors de deviner une énigme obscure, de découvrir la constitution élémentaire de l'être humain, mais bien d'exprimer les lois fondamentales auxquelles il obéit.

On ne saurait trop méditer la nature et la portée de ces distinctions qui s'étendent sur toute la science de l'homme vivant. Tout système, toute doctrine en découlent, et elles sont en médecine la source de toute vérité, comme de toute erreur. Car, s'il est deux manières d'entendre les causes, d'entendre la vie, il est aussi deux façons de comprendre la maladie, deux modes d'en établir les indications thérapeutiques, deux sciences enfin.

Examinons d'abord où sont arrivés ceux qui, s'attachant au mode de production de la vie, se sont proposés comme fin la constitution élémentaire, primordiale, de l'être humain. Le champ est limité ; car en admettant la vie comme un résultat, on n'a que ces deux alternatives : ou la vie découle de l'action d'une force, d'un agent immatériel sur l'organisme humain ; ou l'on ne dépasse pas la matière, et on fait de la vie un résultat, ou une propriété de la matière organisée.

L'on aboutit forcément à l'une ou à l'autre de ces suppositions, quand on veut expliquer la vie, manifester ses conditions essentielles ; on aura beau creuser ses conceptions, on ne pourra pas arriver à inventer de substance en dehors des substances simples ou composées ; or, en médecine, on ne peut nier l'une, la substance composée, c'est-à-dire la matière, le corps. Pour expliquer la vie, l'on n'aura donc que deux partis à prendre : ou admettre la substance simple, et dire que, de son action sur la substance composée, découle la vie — systèmes animistes ; ou bien rejeter comme hypothétique l'existence de la substance simple, n'accepter que la substance composée qui frappe les yeux, la rendre centre et cause de tout, y placer, en un mot, les sources de la vie — systèmes matérialistes.

Voilà donc deux explications directement opposées l'une à l'autre, mais qui ont pourtant cela de commun d'être chacune une explication. Je les examinerai toutes deux dans leur généralité, sans signaler les formes variées qu'elles ont tour à tour revêtues ; la forme n'est ici que secondaire.

On donne le nom d'*animisme*, ai-je dit, à cette notion qui place la vie dans l'action d'un être simple sur la masse organisée, quelle que soit la manière dont on désigne l'être simple, comme âme, archée, principe vital, etc. On devine quel doit être, dans ce cercle d'idées, le rôle de la substance simple, du principe vital. Toute action vient de lui, toute impression s'adresse à lui ; les mouvements du corps organisé ne sont jamais que des effets dont la cause remonte à ce principe de toute manifestation vivante : aussi la maladie, cette forme anormale de la vie, réside-t-elle dans une action anormale de ce principe vital altéré, lésé ; et les tendances morbides, les crises diverses, sont des effets de sa volonté, de ses déterminations.

La thérapeutique à laquelle conduisent les systèmes animistes a pour caractère principal l'inaction : c'est la conséquence directe des idées initiales. Si tout consiste, en effet, dans les mouvements et les lésions du principe vital, qu'est-il à faire que de s'adresser à lui pour ordonner ses mouvements, combattre ses lésions ? Mais comment agir sur une substance simple ? n'y a-t-il pas là une éternelle impossibilité ? Du reste, le cachet spécial d'un principe de vie destiné à gouverner la machine humaine n'est-il pas d'être parfaitement intelligent ? En observer l'action, la tendance, tel sera donc le devoir du médecin ; seulement, quand il sera évident que le principe vital, dans ses efforts de rétablissement, entraîne l'organisme dans une voie dangereuse, le médecin doit résister à cette action ; il doit agir sur l'organisme de façon à contre-balancer les mauvais effets du principe vital, détruire les causes qui déterminent ses mouvements, pour que l'économie accomplisse, sans obstacle, sa grande fonction, qui est, dans les maladies, de ramener le corps à la santé. Mais il faut bien craindre de se tromper, et ne pas tenir pour nuisibles des mouvements de l'âme, qui dans le fond sont salutaires. On le voit, la thérapeutique de l'animisme doit être, la plupart du temps, expectante, inactive, et toujours timide.

Ai-je besoin de faire remarquer que, communément, on confond l'animisme avec le vitalisme ? Que de fois n'ai-je pas entendu, à propos de cette dernière doctrine, parler et du principe vital, et de son action occulte sur l'organisme, et de bien d'autres idées animistes ! J'espère montrer qu'il n'est pas deux ordres d'idées plus dissemblables.

Que dire maintenant des conceptions animistes ? Leur point de départ est de pure ontologie ; ontologiquement donc, il y aurait à examiner s'il est permis d'isoler ainsi la force et l'organisme, de les considérer à part, l'une commandant l'autre : il y aurait à voir si cette séparation téméraire ne conduit pas à l'anéantissement inévitable et de la force et de l'organisme ; l'une ne trouvant que par l'autre ses conditions d'existence et réciproquement.

Mais ce sont là des questions métaphysiques et non médicales ; or, cela seul suffit à condamner l'animisme, que son point de départ, que sa démonstration, si elle est possible, est placée en dehors de la médecine : c'est là pour la science de l'homme vivant une question de vie et de mort, en tant que science à part, indépendante. Car une science ne possède existence virtuelle qu'à la condition de trouver en elle-même sa raison d'être, ses principes, sa certitude. Que devient donc la médecine, si elle est obligée d'emprunter ailleurs ses principes premiers, sa raison d'être, et sa certitude? qu'est-elle si la propriété de ce qu'elle a d'essentiel et de fondamental appartient à une métaphysique étrangère? On n'aurait de certitude en médecine que par la certitude des solutions d'une ontologie abstraite. Les médecins seraient sans pouvoir sur les vérités premières de leur science. Elles appartiendraient aux philosophes, que nous établirions ainsi nos maîtres. Quels désastres n'enferment pas ces injustes dominations! L'histoire est là pour nous en montrer plus peut-être que nous ne saurions en concevoir.

Je me résume, et pour le moment je n'oppose à cette opinion, qui fait de la vie le résultat de l'action d'une force sur l'organisme, que cette seule objection : médicalement parlant, c'est une hypothèse.

Qui pourrait refuser toutefois aux conceptions animistes une certaine grandeur? Expliquer la vie par une force simple qui agit sur la matière organisée, n'est-ce pas choisir la plus large des explications? Combien du moins elle surpasse les hypothèses matérialistes! Combien celles-ci sont pauvres, étroites, sans autre attrait qu'une fausse simplicité, sans autre satisfaction que celle de rabaisser à notre niveau ce qui le dépasse, sans autre effet, enfin, que d'anéantir sans retour les plus hautes et les plus fécondes vérités. On me pardonnera d'affirmer et de condamner à l'avance ; je pense me justifier trop pleinement.

Il est deux manières de comprendre le matérialisme, en médecine.

1° On fait de la vie une propriété de la matière
organisée, quels que soient et le nom que l'on donne
à cette propriété, et l'idée qu'on s'en forme ; sensi-
bilité, contractilité, incitabilité, irritabilité, etc.

2° On fait de la vie le résultat de l'organisation
de la matière, que l'on adopte les explications mécaniques, humoristes, solidistes, chimiques, etc.

Dans le premier cas, toute maladie consistera
dans la surexcitation ou dans l'affaiblissement des
propriétés vitales ; par suite, toute thérapeutique
consistera à affaiblir les propriétés surexcitées, ou
à surexciter les propriétés affaiblies.

Dans le second cas, la maladie sera un dérangement dans l'organisation de la matière, une lésion
des parties solides ou liquides de l'organisme ; la
thérapeutique aura donc pour objet de réparer ces
altérations matérielles, de ramener les parties de
l'organisme à leur intégrité.

Ces deux modes du matérialisme peuvent être et
ont été admis simultanément ; la vie est bien alors
propriété de la matière organisée, mais propriété
dépendante de l'organisation elle-même de la matière.

Il s'ensuit que la maladie peut résulter et de l'altération des solides et des liquides, et d'un dérangement des propriétés vitales de l'organisme. C'est
là la base de presque toutes les définitions admises
aujourd'hui.

D'après ces données, les indications curatives se doivent déduire des lésions organiques et des troubles fonctionnels. La thérapeutique, pour les médecins matérialistes, ne peut avoir une autre source. En effet, lorsqu'on prétend avoir trouvé et donné l'explication des faits généraux et dominants, on ne peut la rejeter, quand il s'agit de faits particuliers, qui ne se conçoivent que comme contenus dans les faits généraux. Ce qui donne la raison du plus fournit nécessairement la raison du moins. La maladie n'est qu'un mode de la vie ; on doit comprendre l'une comme on a compris l'autre. Ainsi donc, par cela seul qu'on croit pénétrer les causes essentielles, nécessaires de la vie, on croit avoir les causes nécessaires, intimes de la maladie ; forcément aussi, on avisera par elles à la curation. Elles seules peuvent donner le sens et la portée d'un état morbide ; non, par exemple, les circonstances diverses au milieu desquelles il s'est développé. Car une maladie se traite d'après les principes qui nous la font pénétrer et connaître. Or, la nature d'une maladie réside pour les matérialistes dans son mode de production ; qu'auraient à faire ici les rapports de causalité ? tout au plus, la connaissance de ces causes, dites occasionnelles, importerait-elle au point de vue prophylactique : préserver l'organisme de leur atteinte, c'est le seul but que l'on puisse se proposer ici en les recherchant.

Je n'ai besoin d'énumérer tous les dangers et même tous les malheurs qu'enferment de pareilles notions. Nul médecin, d'ailleurs, n'a la force de les appliquer rigoureusement. Il faudrait se heurter trop souvent contre l'évidence. Toute haute vérité est si forte par soi, qu'on ne saurait toujours la braver. Aussi arrive-t-il quelquefois que le médecin matérialiste ne peut pas même trouver un prétexte d'erreur dans la recherche toute stérile de ses prétendues causes intimes ; alors reniant, en fait, ses principes, il admet l'importance de ce second ordre de causes que j'ai établies, causes expérimentales, occasionnelles ; il arrive jusqu'à s'en servir pour juger la nature d'un état morbide. Mais il n'aboutit jamais qu'à une application incomplète de ces idées qui ne sont pas les siennes. Il faut vivre en union parfaite avec une vérité, pour pouvoir en user sainement et largement ; quoi qu'il en soit, cette nécessité de sacrifier à d'autres principes, si rare soit-elle, suffit à prouver que ceux de la doctrine matérialiste ne peuvent s'étendre à tous les faits : or, une doctrine doit embrasser tous les faits, et sans effort ; s'il en existe qui se maintiennent en dehors, on doit la condamner.

J'ai démontré, dès les premières pages de ce travail, que l'absence de toute doctrine anéantissait l'art de guérir ; on voit que les doctrines fausses le dénaturent, dans ce qu'il a de fondamental, dans la recherche et la détermination des indications thérapeutiques.

Aurai-je à discuter longtemps le matérialisme et ses bases ? sur quoi repose-t-il ? sur une hypothèse à laquelle j'ai vainement cherché un seul appui. On ne peut combattre une assertion qu'autant qu'elle a raison d'être. Où donc se trouve celle des assertions matérialistes? Elles sont pourtant assez audacieuses, elles ont trait à un sujet assez important, pour qu'on soit en droit d'exiger de fortes et larges preuves. Tout à l'heure, j'ai refusé d'examiner les prétendues démonstrations de l'animisme, parce qu'elles se trouvaient dans une métaphysique étrangère, et que la médecine, étant une science autonome, devait trouver en elle son point de départ, sa certitude. Je me fais moins sévère pour les hypothèses du matérialisme : que l'on interroge toutes les sciences étrangères, où leurs preuves devraient pouvoir se rencontrer, sciences physiques, chimiques, anatomiques; que l'on cherche et que l'on pèse les insinuations les plus spécieuses: donneront-elles lieu même à un peut être ? La plus belle conclusion que l'on donne à chacun est toujours celle-ci: rien ne peut se prouver maintenant; mais qui sait si plus tard ne doit pas arriver le jour des révélations!

C'est un fait, du reste, si généralement senti, que bien peu exposent et avouent les suppositions matérialistes. En réalité, c'est bien sur elles que repose la médecine d'aujourd'hui; mais, dès que l'on en parle, on se récrie : Serait-ce que l'on a et que l'on suit une autre doctrine? Non. Serait-ce alors qu'on n'en accepte aucune? En fait ce ne peut être: on n'aurait plus même la forme d'une science. Non, bien réellement, on est matérialiste, et on a une science matérialiste ; mais cela s'appelle, en un nouveau langage, avoir une science exacte, positive. Science singulièrement exacte et positive, que celle qui repose sur des suppositions !

Aussi, la médecine tout entière a fléchi, dégradée dans chacune de ses parties. Méthode d'observation, génie de la science, descriptions morbides, recherches thérapeutiques, tout a été faussé : et chaque chose, en même temps qu'elle perdait sa vérité, perdait sa grandeur. Combien sont rares les médecins qui pensent aujourd'hui que leur science est la plus haute, leur profession la plus noble ! qui porte en soi cette croyance, avec conviction et avec amour ? et pourtant l'homme vivant n'est-il pas, à lui-même, le plus élevé des sujets d'étude ! Pour moi, le règne du matérialisme médical marque une époque d'abaissement successif et continu de la médecine. Il n'entre pas dans mon sujet d'en retracer les phases diverses. Les notions premières de la science de l'homme malade doivent seules m'occuper. J'indiquerai sommairement comment et pourquoi le matérialisme arrive à les détruire l'une après l'autre ; mais je veux exposer auparavant la doctrine fondée sur les rapports de causalité, le vitalisme. Elle a sa manière d'établir les vérités fondamentales de la médecine ; c'est tout à côté que je retracerai comment le matérialisme et même l'animisme les entendent. De cette opposition naîtra peut-être plus de lumière.

Pour indiquer avec précision le point de départ du vitalisme, qu'on me permette de résumer en peu de mots ce qui précède. Une doctrine, étant cette notion qui domine toutes les autres notions, doit s'appliquer à un fait qui domine tous les faits; en médecine, elle doit donc dépendre du fait de la vie.

On n'a la notion d'un fait qu'en remontant à sa cause. Pour avoir une doctrine médicale, c'est-à-dire une notion de la vie, il faut donc remonter à la cause de la vie.

Or, il est deux manières possibles d'entendre les causes : ou la cause est le mode de production des phénomènes, ou bien la cause est cette puissance dont l'action détermine la succession des phénomènes que l'on observe. C'est du premier ordre que découlent l'animisme et le matérialisme; c'est du second que procède le vitalisme.

On voit, dès le début, combien cette doctrine est opposée aux deux autres. L'animisme et le matérialisme, en effet, ont cela de commun que tous deux placent la cause de la vie dans les parties constituantes de l'organisme humain; le vitalisme la place en dehors. Les premiers étudient le mode spécial, par lequel s'effectuent et la vie et les phénomènes vitaux; le second recherche simplement leurs rapports de causalité. Nous verrons cette différence se prolonger entre toutes les parties de la médecine, suivant qu'on les envisagera à l'un ou à l'autre point de vue.

Être vitaliste, c'est donc se rendre compte de

la vie, comme une montre, que je supposerais pen
sante, se rendrait compte de son existence et de
ses mouvements, en les rattachant à une cause supérieure qui les aurait suscités, déterminés, et réglés
vers un but fixe.

En étudiant ainsi la vie d'après ses rapports de
causalité, comment la définir? Évidemment, en
exprimant ses mêmes rapports de causalité. Or,
pour exprimer les rapports de causalité en général,
un mot suffit, le mot loi. La vie est donc une loi
se manifestant par l'organisme humain. Cette acception du mot loi est strictement rigoureuse. Qu'est-ce
qu'une loi, en effet? Écoutons Montesquieu : *Les
lois, dans la signification la plus étendue, sont les
rapports nécessaires qui dérivent de la nature des
choses.* Mais quel est le rapport nécessaire qui dérive de la nature d'un être? C'est le rapport de
cause à effet, le rapport de l'être examiné avec une
autre existence qui le domine, et en est la cause;
c'est, en un mot, le rapport de causalité. Donc,
caractériser la vie par ses rapports nécessaires,
ses rapports de causalité, c'est dire que la vie est
une loi.

Ce n'est pas tout. Oui, la vie est une loi; mais
cela admis, encore faut-il qualifier cette loi, en quelque manière, soit d'après la nature de la cause
législatrice, soit quant au sujet qui obéit à la loi,
soit enfin d'après l'ordre et l'importance de cette
loi. Eh bien! on peut, sous tous ces points de vue,
caractériser la loi de la vie par ce seul mot : la vie

est une loi *primordiale,* c'est-à-dire de premier ordre.

Ce mot convient, en effet, à la cause législatrice; car rien de ce qui est fini, l'homme non plus que les autres êtres, n'est cause de soi, n'existe nécessairement. Pour en trouver la raison d'être, il faut remonter d'existence en existence, jusqu'à une existence supérieure, cause de soi, qui ne puisse pas ne pas être, jusqu'à une existence nécessaire, primordiale.

Ce mot de primordialité convient encore, si l'on étudie la loi de la vie en tant que se manifestant par et sur l'organisme humain. Quel est l'acte, quelle est la manifestation organique que cette loi ne domine pas? N'est-ce pas vraiment une loi de premier ordre? En est-il qui l'égale en importance, ou mieux, en est-il qui se conçoive en dehors d'elle?

D'après cela, je définis donc la vie une loi primordiale se manifestant par l'organisme humain. Je crois avoir démontré la bonté de cette définition, dès que l'on s'est proposé de caractériser la vie par ses rapports de causalité, dès que l'on rattache à une puissance supérieure, comme à sa cause, le fait de l'existence humaine.

Mais a-t-on le droit d'étudier ainsi la vie? N'est-ce point là une tentative téméraire, impossible? Qu'en faut-il penser, en la comparant à la tentative de ceux qui veulent trouver en l'organisme les causes de son existence, qui veulent pénétrer le mode de production de la vie?

Poser ces questions, c'est les résoudre. Il en est de l'homme vivant comme de tous les êtres. Il existe ou par soi, ou par une cause extérieure. Mais exister par soi, c'est-à-dire trouver en soi les conditions de son existence, c'est avoir l'existence comme attribut nécessaire. Or, c'est là le propre de l'être infini, non de l'être humain. Quel n'est donc pas l'égarement de ceux qui cherchent dans l'organisme la raison de son existence! Quant à ceux qui rattachent le fait de la vie à une cause supérieure, et en trouvent ainsi la raison, sans prétendre à son explication, ceux-là se renferment dans les limites des recherches possibles à notre entendement. Laissant à d'autres les vaines hypothèses, ils sont les possesseurs tranquilles et assurés de notions positives. En un mot, les systèmes animistes et matérialistes se brisent, dès l'abord, à une immense impossibilité, tandis que le vitalisme part d'une vérité tout évidente.

Je tiens donc les principes premiers de cette doctrine pour établis et démontrés. Il convient maintenant d'en déduire les principales conséquences. L'une d'elles est, sans contredit, celle-ci : que le vitalisme donne à la médecine une existence libre et indépendante; qu'il réalise ce grand fait, que la médecine existe par elle-même; qu'il donne la force d'un droit à ce fait historique incontestable; que la science de l'homme vivant a existé séparée, isolée des autres; qu'alors que la physique et que la chimie étaient encore dans le néant, l'observation

médicale était créée, et l'art de guérir répandait
largement ses bienfaits.

Je dis que le vitalisme rend raison de ce fait qui
a commencé il y a deux mille ans, et qui se conti-
nuera, malgré tous les efforts opposés, tant que la
médecine aura son rang parmi les connaissances
humaines. En effet, dire que la vie est une loi, que
les manifestations successives de l'organisme per-
mettent seules de saisir, d'étudier, et de juger,
n'est-ce pas proclamer que l'observation directe
et intuitive de l'organisme vivant peut seule faire
connaître tous les faits qui sont sous la dépendance
de la vie? Or, ces faits ne sont-ils pas eux-mêmes
toute la médecine? Tous les actes de l'organisme
sain et malade ne sont-ils pas faits vitaux? La doctrine vitaliste crée donc une science autonome, et
délivre ainsi la médecine des sujétions métaphysiques, aussi bien qu'elle la défend contre l'inva-
sion des sciences physiques et chimiques.

Une autre condition imposée par le vitalisme, c'est
d'observer toujours la substance vivante, telle qu'elle
est, telle qu'elle agit, indécomposée et inexpliquée.
Cette proposition se montre d'une évidence manifeste après ce qui précède, puisqu'elle est en rapport
direct avec le principe même du vitalisme, qui est
de rechercher les causes expérimentales qui sont en
dehors de l'organisme, et de ne point se livrer à l'é-
tude de la constitution élémentaire de l'être vivant.
Ainsi donc, le médecin vitaliste ne cherchera jamais
à isoler une force du reste de la machine humaine,

dans le but, par exemple, d'apprécier le jeu, la tendance ou l'énergie de cette force. Il ne s'essayera
pas à expliquer un acte de l'organisme par une altération quelconque de la matière organique. La
raison première d'un acte du corps vivant, c'est la
vitalité, et une altération, quelle qu'elle soit, des
solides ou des liquides, sera toujours ou le résultat
d'actes vitaux, ou leur cause occasionnelle, et souvent l'un et l'autre tour à tour, de telle sorte que ce
qui n'était que résultat peut devenir cause occasionnelle. Je le répète, le médecin vitaliste se borne à
l'observation directe de l'organisme, constitué tel
qu'il est, dans son ensemble parfait, dans l'union
profonde de ses parties; l'économie vivante est pour
lui ce qu'un corps élémentaire est pour le chimiste,
un tout indécomposé et indécomposable, dont on
peut étudier les manifestations et les modes divers,
et que l'on peut mettre en rapport avec chaque
chose, de façon à saisir l'action qu'il exerce sur chacune, et l'action que chacune exerce sur lui.

Il est une autre considération intimement liée à
celles indiquées déjà, et qui va justifier une expression que j'ai déjà bien souvent employée, acte de
l'organisme. L'organisme est-il actif ou passif?
Souffre-t-il ou réagit-il? Au point de vue vitaliste, la
réponse est facile à donner. L'organisme est toujours
agissant et réagissant; son activité est constante, nécessaire; il ne peut se concevoir en dehors d'elle. Et,
en effet, on peut poser ce dilemme : les manifestations successives de l'organisme, qui constituent la

vie, sont ou un résultat ou une détermination active. Un résultat? Mais, qui dit vitalisme, implique la négation du mot résultat et de l'idée qu'il renferme. Reste donc la détermination active. Manifestation ou acte sont une seule et même chose de la part de l'être vivant. Du reste, ce fait ne se présentait-il pas encore comme une déduction obligée, dès qu'il était établi que la vie et tous ses modes se devaient juger par les seuls rapports de causalité. La causalité ne s'unit jamais qu'à un acte.

La notion de cette activité incessante et nécessaire est d'une importance majeure, et il y a intérêt à voir comment chaque système l'a interprétée. Le vitalisme en formule tout d'abord les conditions en définissant la vie une loi primordiale manifestée par les actes successifs de l'organisme. L'activité, dans cette doctrine, appartient en propre à l'être humain, constitué tel qu'il est, jugé et accepté dans sa forme visible, sans explication, sans décomposition de ses prétendues parties constituantes. L'être est ici, comme toujours, pour le vitaliste, un tout indivisible dans son essence, impénétrable dans les profondeurs cachées de son mode d'existence. C'est donc la substance vivante elle-même qui se meut, agit et se détermine.

Les conceptions animistes, hardies, comme on le sait, jusqu'à croire pénétrer la constitution élémentaire de l'organisme, sembleraient, par cela seul qu'elles font de la vie un résultat, anéantir l'activité de l'être vivant. Si la vie est un résultat obtenu par l'union de deux substances, il devient évident que les diverses manifestations de la vie, que les formes diverses de ce résultat tiendront exclusivement à l'altération subie par l'une ou par l'autre substance qui constituent l'organisme. Mais si l'on se rend un compte plus exact des hypothèses de l'animisme, on verra que, s'il y a deux substances, elles sont telles , que l'une, toute supérieure, est nécessairement active de sa nature ; c'est la substance simple, âme, principe vital. On ne peut, en effet, la concevoir autrement qu'active. Qui dit principe vital, altéré, lésé, exprime une impossibilité. Comment un être simple, c'est-à-dire sans parties visibles ou invisibles, peut-il être altéré ? L'altération n'appartient-elle pas exclusivement à la substance composée ? Le principe vital des animistes est donc essentiellement actif ; mais, en revanche, le reste de l'organisme, tel qu'ils le conçoivent, est absolument passif. Le substratum organique n'est, en effet, pour eux, qu'un instrument ; il fait bien partie indispensable du corps vivant, mais seulement comme royaume, pour ainsi parler, de la substance immatérielle. Celle-ci est le maître , qui se détermine, agit et gouverne ; l'autre, esclave aveugle, obéit et marche. L'une imprime le mouvement ; l'autre le subit. Aussi quand les médecins animistes prétendent modifier les mouvements vitaux, ils doivent toujours se rappeler qu'il existe pour eux une substance immatérielle toute puissante , cause première de tout mouvement ; tandis que le médecin vitaliste observe l'organisme vivant qui se détermine par lui-même, entraîné dans ses actes par sa seule force, par l'énergie une et fixe d'un tout indivisible.

Quel est le sort de l'activité vitale dans les systèmes matérialistes? Réduite à néant, sans laisser nulle trace de son existence. C'est là une conséquence aisée à déduire. Si, en effet, établissant la matière centre de tout, on explique la vie par des propriétés spéciales de la substance organisée, ou par l'organisation spéciale de cette substance elle-même, les manifestations variées de la vie doivent dès lors se présenter comme dépendant des modifications diverses survenues, soit dans les propriétés vitales, soit dans l'organisation de la matière. Or, de pareilles modifications sont, de leur nature, toutes passives, toutes supportées, toutes causées par l'action directe d'agents extérieurs; l'organisme donc n'est plus un être réagissant contre les causes de trouble, c'est un être qui ne fait qu'éprouver leur influence, qui souffre, s'altère, se désorganise plus ou moins sous leur effort, sans opposer d'autre résistance que l'énergie variable de ses propriétés, ou que la solidité plus ou moins forte de son organisation. Aussi sont-ce ces dernières considérations qui fournissent au médecin matérialiste toutes ses indications curatives. Curation est, pour lui, synonyme de répression ou de surexcitation dans un cas et de réparation dans l'autre. On voit qu'il y a tout un abîme entre cette manière de voir et celle du vitaliste pour qui toute manifestation de l'organisme est un acte, et qui puise toutes ses indications thérapeutiques dans l'appréciation de ces actes, dans leurs tendances, dans leurs causes, dans leurs lois de développement, dans leur but. Il y a là deux mondes, deux ordres d'idées entièrement différents; ils n'ont qu'un seul point de contact et c'est bien celui qu'on se serait le moins imaginé *a priori*, à savoir: que tous deux s'occupent exclusivement du même sujet, l'être vivant.

La vie est une loi primordiale que les actions successives de l'organisme réalisent. Or, toute loi a un but; quel est donc le but de la loi de la vie? Il est deux manières bien distinctes de répondre à cette question. On peut, en effet, considérer le but d'une loi, soit par rapport au législateur, soit par rapport à l'être qui est régi; qu'on me permette une comparaison pour rendre plus saisissable cette distinction: Je suppose une loi, la loi de l'impôt, par exemple; son but est de deux sortes: l'un que le législateur se propose, celui d'assurer les revenus de l'État, de faire face aux dépenses de cet être de raison, de cette existence toute synthétique; l'autre qui a trait exclusivement à l'être qui obéit à la loi, à celui qui paye l'impôt. Dans ce cas, le but de la loi est que chaque citoyen apporte régulièrement une partie de son revenu; mais les citoyens n'ignorent-ils pas souvent, ou du moins ne pourraient-ils pas ignorer la vue du législateur qui a établi la loi à laquelle ils se soumettent? Comprennent-ils tous ce que c'est que l'État et ses besoins? tous se rendent-ils un compte exact de cette existence? Faisant l'application de cette distinction au cas qui nous occupe, il devient manifeste que nous ne devons rechercher le but de la vie qu'autant qu'il se rapporte à l'organisme. Cela ressort des principes premiers de la doctrine vitaliste; elle rattache, en effet, la vie à sa cause législatrice, mais sans rien décider sur la nature de cette cause; cette cause existe, car le vitalisme reconnaît que la vie est une loi, mais il juge cette cause seulement en tant que réalisée et manifestée par et sur l'être humain. Cela seul appartient à la médecine; le reste est de pure ontologie, et a trait à ces questions d'harmonie universelle des êtres que chaque système de philosophie juge à sa guise.

Nous ne devons donc pas dépasser l'organisme en donnant la solution de cette question : quel est le but de la loi primordiale de la vie? Nous ne nous écartons pas de cette règle en répondant que le but de cette loi est la conservation de l'organisme. C'est là son caractère permanent, nécessaire. L'être humain, en effet, est essentiellement actif dans toutes ses manifestations. C'est un fait que je viens d'établir. Or, tout être qui agit est sollicité dans son action, a ses motifs d'agir. Qui peut fournir au corps humain ses motifs d'action, ses mobiles de mouvement? Évidemment toutes les choses qui de près ou de loin peuvent agir sur lui; un mot les résume toutes : le monde extérieur. Mais l'influence du monde extérieur sur l'organisme vivant, prise dans la synthèse de ses effets, est une influence de destruction, même

prochaine; les lois de la matière font un effort in-
cessant pour soumettre à leur empire exclusif le
corps organisé vivant. Qui dit désorganisation, destruction, en parlant de l'être qui vit, exprime le retour de cet être à ce monde extérieur, qui presse
toute existence animée, jusqu'à ce que, s'emparant
d'elle, il en amène la dissolution complète. Cependant l'être vivant résiste, sa vie se développe et
monte, malgré la compression continue qu'elle
éprouve. C'est donc que chacun de ses mouvements
est un mouvement de résistance, que chacune de ses
actions a une tendance, a un but, la conservation de
l'organisme. Cette notion est d'un grand rôle en médecine; elle renferme la nature médicatrice. J'aurai
bientôt à expliquer ces derniers mots.

Comment les systèmes animistes et matérialistes
expliquent-ils ces faits de résistance active et de conservation? les premiers les dénaturent, les seconds
les nient et les remplacent par des faits d'un autre
ordre. C'est là le sort qu'a déjà subi le grand fait de
l'activité de l'organisme, c'était donc le sort réservé
au fait qui nous occupe. La résistance active et con-
servatrice n'est, en effet, qu'un mode spécial quoique permanent de l'activité générale. La manière
dont on comprend celle-ci doit, par conséquent, déterminer la manière dont il faut comprendre celle-là.
Ainsi, l'animisme charge la substance immatérielle
de la conservation active de l'organisme. Quant au
matérialisme, repoussant toujours ce qui est actif,
il ne peut admettre qu'une énergie plus ou moins

fixe des propriétés vitales qui s'accroissent, s'affaiblissent ou se maintiennent, ou qu'une solidité plus ou moins forte dans l'organisation moléculaire de l'organisme, solidité que les efforts du monde extérieur peuvent ébranler et détruire.

Je ne peux abandonner l'étude des notions qui s'appliquent à tous les faits de la science de l'homme vivant, sain et malade, sans indiquer le génie spécial de la médecine, sa méthode et la certitude qui lui est propre. Il y a là encore de grandes et bien méconnues vérités; on ne va pas contre elles sans fausser dans chacune de ses parties l'art de guérir.

On peut appeler génie d'une science la nature spéciale des faits sur lesquels repose cette science; or, ces faits tiennent au sujet de la science, c'est là qu'ils s'accomplissent, c'est là qu'ils s'observent; la nature, le génie du sujet, établissent donc le génie de la science.

Dès lors combien doit différer le génie de la médecine pour les médecins vitalistes et pour ceux matérialistes, puisqu'une si grande distance les sépare dans leur manière de concevoir le sujet de la science, l'homme vivant.

Pour les uns, en effet, l'organisme humain est un être sans cesse agissant et déterminé dans son action par toutes les influences extérieures. Or, cette influence a pour caractère une incessante variété. Quel que soit donc l'acte que l'organisme accomplisse, il présentera toujours une variation en rapport avec celle des agents extérieurs; si cet acte est déterminé par une cause puissante qui ait laissé une empreinte durable sur l'économie vivante, il présentera une succession de phénomènes unis les uns aux autres par cette cause supérieure. Mais, même dans ce cas, l'influence extérieure se révélera toujours. Si elle ne motive pas l'acte qui s'accomplit, elle le modifiera. Ce ne sont pas là les seules causes qui impriment aux actes vitaux une éternelle variété; il y a encore les causes inhérentes à l'organisme qui agit. Chaque individu a son tempérament premier, chacun a son genre de vie, et ce mot comprend bien des choses qui façonnent l'organisme à une manière d'être toute spéciale. Pour le médecin vitaliste donc, rien de constant, rien d'uniforme, rien de précis dans les manifestations organiques. Ce ne sont pas celles d'une machine, mais celles d'un être agissant. Comprise ainsi, la médecine se sépare de toutes les autres sciences. Pour mieux dire, il n'en est qu'une qui ait des rapports avec elle, parce qu'il n'en est qu'une qui ait aussi rapport à quelque chose qui vive et qui agisse. C'est l'histoire de l'humanité, c'est encore l'histoire d'une nation. L'histoire, à ce point de vue, devient une science.

Pour le médecin, au contraire, qui fait de la vie une propriété de la matière organisée, ou un résultat de l'organisation, il existe, ou il n'existe pas, un dérangement dans les propriétés vitales ou dans l'organisation. Ce dérangement établi, tout devient nettement déterminé. Il ne peut perdre ses caractères comme les perd un acte qui change quand sa cause change; il ne doit pas varier; on peut le définir avec exactitude; sa marche n'est pas incertaine; l'être vivant devient un tout où chaque modification amène nécessairement celle qui suit et où l'on peut prévoir tout ce qui arrive : aussi l'action du médecin est-elle bien différente dans l'un et dans l'autre cas. Le médecin vitaliste ayant affaire à un corps agissant, étudiera les causes diverses, mobiles de l'action qu'il observe. Le matérialiste interrogera chaque organe, chaque propriété de l'organisme pour trouver la lésion et y remédier. Pour ce médecin, la science de l'homme vivant devient une branche des sciences fondées sur l'étude de la matière, comme les sciences physiques et chimiques.

Comment l'animisme comprend-il ces notions ? Comme toujours, il les dénature, sans se placer entièrement en dehors d'elles. Comme le génie de la médecine découle de l'activité continue de l'organisme humain, la façon dont les animistes comprennent cette activité donne aussi la manière dont ils comprennent le génie de l'art. De même qu'ils ont transporté le centre de cette activité en dehors du monde sensible, de même aussi placent-ils leur notion du génie de la science dans un ordre d'idées mal déterminées, douteuses, peu saisissables et toujours fausses. Quel est le génie d'un être immatériel, quel est le génie de son action sur l'organisme, toutes ces questions sont voilées pour le médecin et doivent l'être.

Je dirai peu de mots sur la méthode. La base en

est ici, comme ailleurs, l'observation. Les médecins animistes et matérialistes s'en éloignent dès leurs premiers pas; car leurs idées sur la constitution intime de l'organisme sont des faits de pure conception, non des faits établis sur l'observation. Le médecin vitaliste s'y renferme, car la vie, dit-il, est un fait, qui a sa cause d'être comme tous les faits; le jugeant donc sous ce point de vue, il l'appelle une loi; quant à la cause, comme elle est en dehors de ce qu'il peut observer, il ne l'étudie pas, il ne la détermine pas; peu lui importe, la vie est donc un fait, une loi qu'il se borne à qualifier de primordiale, vu que, par rapport à l'homme, l'observation, toujours l'observation ne lui révèle pas de fait supérieur à celui de la vie. Ce sont là nos notions fondamentales; peuvent-elles être rattachées plus intimement à ce qui se voit, à ce qui s'observe?

Je ferai une seconde remarque en ce qui touche la méthode, c'est-à-dire l'observation. C'est que le médecin vitaliste et le médecin matérialiste étudient et observent deux êtres essentiellement différents; le premier, un être toujours agissant et réagissant; l'autre, un être toujours passif, support inerte de toutes les actions que l'on exerce sur lui. L'observation, portant sur des existences aussi distinctes, doit fatalement aboutir à des résultats dissemblables. La science de l'homme vivant ne peut présenter dans ses principes une différence aussi radicale, sans que cette différence se prolonge entre ses moindres faits. Bien plus, elle doit y apparaître plus marquée encore, puisqu'elle a lieu sur des faits plus saisissables à tous les yeux. A mon sens, cette seule réflexion donne la clef d'une foule d'assertions et de préjugés qui ont cours aujourd'hui. Toutes les fois que l'observation moderne est en désaccord avec l'observation des anciens, toutes les fois surtout qu'il s'agit de ces grands faits médicaux, comme fièvres stationnaires, constitutions médicales, fièvres nouvelles, fièvres de saison, et conditions thérapeutiques si souvent diverses, et renouvelées pour chacune de ces maladies fébriles, toujours alors on s'écrie : « Les médecins anciens observaient avec des idées préconçues ; tous ces faits, que nous ne voyons plus, sont des créations de leur esprit ; les progrès de la science ont enfin dissipé ces erreurs. » Eh bien, ces prétendues erreurs n'existent qu'au point de vue nouveau où l'on s'est placé. Examinées d'ailleurs, elles deviennent les plus hautes vérités. Il en est ainsi pour toute la médecine d'Hippocrate et de ceux qui en ont suivi les traces fécondes ; on ne la comprend, on n'en a le premier mot, qu'en se pénétrant de l'esprit qui l'a inspirée, qu'en arrivant à une vue bien nette de la manière, toujours une, dont ces médecins observaient ; alors l'on se sent saisi d'admiration, et l'on porte en soi cette conviction inébranlable, que leur médecine est vraie, comme elle est grande.

Au génie spécial de la médecine, à son observation spéciale, se rattache la certitude qui lui est propre. C'est un des grands dogmes des médecins matérialistes que de vouloir, pour leur science, la précision, l'exactitude, la certitude des sciences physiques et chimiques. Cette prétention est en rapport direct avec leurs principes. Ai-je besoin de dire qu'il y a là encore une erreur ? On ne juge pas, en effet, un acte comme on juge un résultat ; un acte s'apprécie, un résultat se voit, se manie : on essaye, autant que se peut, de rapprocher un acte de sa cause ; on le connaît mieux suivant que sa cause est plus ou moins saisissable, et le rapport évident ; on estime avec plus ou moins de pénétration sa tendance, son but, les désordres qu'il occasionne, et ceux qu'il pourrait occasionner. Mais ces opérations intellectuelles souffrent, supposent même, presque toujours, une certaine indécision. Le monde des causes nous est, en effet, difficilement accessible ; l'être vivant agit, mais nous sommes loin de pouvoir saisir le mobile de tous ses actes ; tant d'éléments influent sur lui, et sa nature est si impressionnable, se dirige sous des efforts si complexes ! que de fois même en sommes-nous réduits à supposer l'existence de causes qui le dominent le plus puissamment ; nous ne pouvons alors les apprécier que par leurs effets, que par les phénomènes vitaux qu'elles suscitent. Voyons-nous ces phénomènes présenter quelques caractères spéciaux, inaccoutumés, avoir une tendance particulière, nous en concluons qu'ils sont dus à une cause spéciale ; mais qu'il arrive souvent que cette cause reste pour nous indéterminée, dans sa nature propre ! Est-ce à dire que le doute enveloppe l'art de guérir, comme un vêtement nécessaire? non, certes, il en est bien loin : la médecine n'a pas la certitude des sciences physiques et chimiques ; c'est là tout. Elle a la sienne, en rapport avec la nature de l'homme. Si les manifestations actives de l'être vivant révèlent plus ou moins leurs causes, elles ont toujours une tendance, un but, que l'on peut observer et apprécier. Ce ne sont pas là des observations où tout se mesure et se précise, comme dans les sciences mathématiques ou physiques, mais où tout se juge, se délibère, comme dans les actes animés. Le médecin doit toujours avoir la raison de sa pratique, et cette raison est en rapport direct avec son appréciation des causes morbifiques et des mouvements vitaux qu'elles ont suscités, mouvements toujours observables. Aussi la certitude thérapeutique, si je puis m'exprimer ainsi, est-elle toute relative ; elle existera pour l'un, là où elle n'existera pas pour l'autre ; un grand médecin n'hésitera pas, là où tout autre se perdra comme dans les ténèbres.

Le médecin matérialiste juge d'autre façon. Pour lui, la manifestation vitale n'est plus un acte, mais un résultat ; or, un résultat s'évalue directement : ce n'est plus une notion, mais un fait accessible aux sens, que l'on peut matériellement délimiter et peser ; la maladie est une lésion ; la lésion se voit, se touche, s'analyse ; c'est une opération de même ordre que celle d'une décomposition chimique. Si l'on n'en peut trouver l'explication, toute raison du phénomène échappe, on perd toute manière de le comprendre, de l'apprécier. En un mot, il faut au médecin matérialiste la certitude des sciences exactes, ou il n'en a aucune. Ce genre de certitude est à la portée de tous ceux qui veulent l'atteindre ; et un même niveau doit mesurer, dès lors, tous les médecins.

De tout ceci résulte un fait pratique : les médecins vitalistes veulent d'une certitude possible, toujours à leur portée, en rapport direct avec l'être vivant ; aussi ces médecins peuvent-ils être dits croyants en leur art ; leur caractère vraiment distinctif est d'être praticiens. Les médecins matérialistes, au contraire, veulent d'une certitude impossible, hors de toute portée, non en harmonie avec cet organisme qui sait varier à l'infini dans ses actes, comme le Protée ancien variait dans ses formes. Aussi, ou ces médecins marchent, tête baissée, dans une voie souvent sanglante, ou bien ils deviennent la proie des mille incertitudes du scepticisme, et la pratique s'anéantit pour eux. C'est que tout en ce monde est soumis à une fatale logique, tout se développe d'après des règles inflexibles.

Si j'ai su apporter quelque clarté dans cet exposé succinct des seules notions possibles de la vie, on aura reconnu que les unes constituent ce qu'on appelle des *systèmes*, c'est-à-dire des conceptions faites pour expliquer les faits d'une science et dont par conséquent toute la science découle directement ; aucun fait particulier que l'on ne puisse extraire de ces formules, qui expliquent et contiennent tous les faits. Quant à l'autre genre de notions, il constitue à proprement parler une *doctrine*, c'est-à-dire une notion qui éclaire tous les faits, mais sans les contenir; qui domine tout, mais n'explique rien; c'est avec elle qu'il faut faire la science, mais on ne pourrait l'en faire sortir, brin à brin, fait par fait; c'est ce que l'on peut exprimer en disant qu'une doctrine est une notion suprême, qui résume, dans leur plus haute généralité, les rapports essentiels, nécessaires du sujet de la science. Mais si ces rapports existent toujours, ils ne disent rien sur les rapports secondaires que ce même sujet de la science peut contracter.

Pour terminer cet examen de doctrine dans ce qu'il a de général, et mettre fin à cette recherche des vérités premières de la science de l'homme vivant, qu'il me soit permis de signaler ce qu'il y a de culminant, selon moi, dans l'existence historique et des notions systématiques de la vie, et des saines notions du vitalisme.

Les systèmes ne représentant pas l'éternelle vérité des choses, découlant comme existence des efforts de l'esprit humain, n'étant rien en dehors des conceptions de ceux qui les créent et de ceux qui les acceptent, les systèmes, dis-je, ont leur avénement toujours marqué au milieu des sciences; ils ont leur inventeur, pour ainsi dire, avant lequel ils n'étaient rien, après lequel ils meurent souvent. Aussi leur éclat est toujours subit, et toujours ils surprennent ce monde savant, qu'ils doivent dominer. La génération qui s'éteint en aura vu un exemple fameux.

Les conditions de l'existence historique de la vraie doctrine sont bien différentes ; les notions fondamentales de la vie, qui font le vitalisme, ne se rencontrent pas ainsi, comme jetées par hasard au milieu d'un siècle : elles ne sauraient se lier à une existence individuelle. Le vitalisme représente la vérité fixe et immuable, et il a dû exister en même temps qu'a apparu, et que l'on a observé l'homme souffrant. Oui, celui qui a porté le premier ses regards sur l'organisme malade a créé et mis au monde le vitalisme ; et c'est cette première vue qui, fécondée par les travaux accumulés des générations, doit enfanter, peu à peu, la science, et l'établir dans son immensité comme dans sa vérité.

Je m'explique : quelles sont les notions fondamentales du vitalisme ? Qu'il ne faut jamais donner l'explication première d'une manifestation vitale ; mais observer celle-ci, en cherchant à la rattacher à sa cause. Eh bien ! que l'on s'essaye à placer le premier observateur en face du premier malade, cherchera-t-il à donner l'explication des mouvements morbides qu'il observe ? En cherchera-t-il la raison dans une altération des fluides ou des solides, qu'il ne connaît même pas, ou dans l'altération de propriétés fonctionnelles dont il n'a nulle idée ? S'imaginera-t-il ces mouvements morbides, comme procédant de l'action d'un principe simple sur une substance composée ? Combien de temps il a dû se passer avant que l'esprit humain en soit venu à créer ces hypothèses ! Non, bien certainement, notre premier observateur n'aura pas enfanté tous ces beaux systèmes, non plus que d'autres plus anciens, soit le strictum et le laxum, soit tout autre. Non, il aura vu un organisme qui souffre, étudié ses manifestations successives, remarqué celles qui indiquaient le retour à la santé, celles qui présageaient l'issue fatale. En même temps, il devait s'essayer à établir la cause de la maladie qu'il observait ; et cette cause, la rechercher tout de suite là où elle devait être, c'est-à-dire dans ce monde extérieur dont l'action est sur nous incessante, et dans le genre de vie particulier du malade. Or, développez ces principes, remontez aux vérités premières qu'ils représentent, établissez les notions scientifiques qui leur correspondent, et vous avez le *vitalisme*. C'est là, à mon sens, un éclatant critérium de sa vérité ; et à ce sujet, que l'on me permette de citer les paroles d'un homme qui avait compris toutes les hautes vérités de la médecine, d'un homme que l'on regarde, à bon droit, comme le père de la doctrine vitaliste, parce qu'en effet, le premier, il avait su la dégager de son existence extérieure, concrète. « La médecine, dit Hippocrate, est dès longtemps en possession de toute chose, en possession d'un principe et d'une méthode qu'elle a trouvée ; avec ces guides, de nombreuses et excellentes découvertes ont été faites dans le long cours des siècles, et le reste se découvrira, si des hommes capables, in

struits des découvertes anciennes, les prennent pour
point de départ de leurs recherches ; mais celui qui,
rejetant et dédaignant tout le passé, tente d'autres
méthodes et d'autres voies, et prétend avoir trouvé
quelque chose, celui-là se trompe et trompe les autres. » Je ne saurais exprimer la sainte admiration
dont je me sens pénétré devant de telles paroles ;
il y a là toute une vie de réflexion et de génie. Quelle
sûreté merveilleuse dans ces larges prédictions ! Deux
mille ans se sont passés, et chaque jour de ces deux
mille ans peut nous en montrer la réalisation ! Quant
à ce que je disais de l'origine première du vitalisme,
ce n'est presque que le commentaire de ces lignes
d'Hippocrate.

J'ose donc attirer l'attention sur ce grand fait
historique, et en voyant la doctrine du vitalisme
avoir toujours ses représentants à travers tous les
siècles, et parmi les plus grands médecins, je me
rappelle que rien ne dure que ce qui est nécessaire,
qu'il n'appartient qu'à ce qui est vrai de subsister,
et de laisser de soi une certaine mémoire, et que
c'est la vertu de l'histoire d'emporter tout ce qui
n'est pas essentiel et fondamental. Une doctrine affirme la réalité de ses principes, lorsqu'elle les
montre pratiquement et nécessairement reconnus à
l'origine première de la science. et qu'elle les représente ensuite développés en caractères éclatants,
par les mains du temps et de l'hisoire.

DE LA MALADIE.

Si la notion de la vie et les considérations générales qui s'y rattachent sont l'étude première pour le médecin, il faut placer tout à côté la notion de la maladie. L'une détermine l'autre, et il n'est pas de conséquence liée plus étroitement à un principe que la maladie ne l'est à la vie. Nous venons d'étudier celle-ci, et à cette heure, nous n'avons, pour ainsi dire, que des déductions à établir. Notre unique soin doit être d'y apporter rigueur et clarté.

J'ai déjà donné deux définitions de la maladie, celle des animistes et celle des matérialistes ; on a vu avec quelle facilité elles découlaient des notions de la vie qui leur correspondaient ; je n'ai pas à y revenir pour le moment.

Quelle sera la définition vitaliste de la maladie ? Rappelons - nous que la maladie est un fait, une manifestation de l'organisme, et que tout fait organique est nécessairement actif ; rappelons-nous encore que le vitaliste ne recherche jamais les causes intimes, constitutives d'une manifestation de l'économie vivante ; rappelons-nous qu'il ne s'adresse qu'aux causes expérimentales, que les rapports de causalité peuvent seuls établir pour lui la raison d'un acte vital ; ayons en considération ces notions fondamentales, et il nous sera aisé de définir la maladie. Tout est actif dans l'organisme, la maladie est donc un acte de l'organisme ; tout se juge par les rapports de causalité ; arrivons donc à cette définition : la maladie est un acte de l'organisme, occasionné par une cause de trouble.

Mais nous avons vu que tout acte vital a nécessairement pour but la conservation de l'organisme ; la maladie a aussi même but, et l'on peut encore faire entrer cette idée dans sa définition en disant : la maladie est une réaction de l'organisme, contre une cause accidentelle de trouble ; dans ce sens, la maladie est une fonction accidentelle de notre être.

Ainsi donc, trois caractères généraux de la maladie, et trois études générales pour le médecin : caractère et étude de la cause, de l'acte, du but de la maladie.

1° Étude de la cause ; comment agit-elle, quelles sont les causes prédisposantes, quelles sont les causes occasionnelles, quel est le tempérament du malade, quel est son genre de vie, quelles sont les conditions morales au milieu desquelles il s'est trouvé placé ?

2° Étude de l'acte ; quelle est sa nature générale, sa tendance, sa marche, quelle sera sa durée probable, quels sont les instruments par lesquels il s'accomplit, quelle est sa gravité, quels sont et quels pourront être ses effets sur l'organisme ?

3° Étude du but ; que veut l'organisme ? quel est le sens caché de sa réaction ? Il faut tâcher de trouver le côté salutaire de ses mouvements ; il faut apprécier quelles crises il prépare pour revenir à la santé ; il faut voir si les crises qu'il tend à provoquer offrent quelque danger, ou ne peuvent mener qu'à des résultats favorables. Tels sont les trois sujets d'observations et de méditations que présente l'étude de la maladie; je viens d'indiquer les principales questions qu'ils soulèvent : examinons.

Étude de la cause. — Elle ne peut avoir d'importance pour le médecin matérialiste, puisqu'il place la nature de la maladie dans son mode de production; d'après ces idées, les causes peuvent varier et la maladie rester invariable, si elle s'effectue de la même façon, par les mêmes organes, si elle est constituée par les mêmes altérations. Pour le médecin vitaliste, au contraire, la nature d'une maladie réside dans sa cause; tout pourrait changer, manifestations extérieures, altérations des solides et des liquides; si la cause reste la même, la maladie est identique. C'est là un des dogmes les plus considérables des médecins vitalistes, et que leurs admirables observations ont grandement prouvé.

Ce n'est pas seulement sous les rapports du rôle et de l'importance de la cause que se séparent les médecins vitalistes et matérialistes; mais encore, et surtout, par la manière dont la cause agit sur l'organisme, et engendre la maladie. Pour les uns, en effet, les matérialistes, la cause porte son action sur l'organisme, y produit des lésions sensibles, ou une altération de propriétés, et cette lésion, c'est la maladie. Pour les vitalistes, la cause altère et affecte aussi l'organisme, il est vrai; mais ce n'est pas cette altération, ni cette affection, qui constitue la maladie. Celle-ci n'est-elle pas nécessairement un acte ? La cause ne peut donc agir que comme déterminant un acte de l'organisme; cet acte, c'est la maladie; le reste n'en est que l'agent provocateur.

Quant aux causes étudiées en elles-mêmes, on peut les diviser en celles qui sont inhérentes au malade, tempérament propre, vices héréditaires ou acquis, défauts de conformation, etc., et en celles qui agissent sur le malade et qui tiennent au monde extérieur. On peut réduire celles-ci à trois principales : 1° causes tirées de l'air, du sol, et de tous les éléments qui constituent le climat; 2° celles tirées du régime alimentaire et du genre de vie tout entier; 3° des conditions morales qui pèsent sur les masses et sur les individus.

Il est encore d'autres causes morbifiques qui rentrent dans l'étude des actes de la maladie; chaque acte morbide, en effet, peut devenir cause lui-même d'autres actes; mais nous renvoyons plus loin ce qui a trait à cette espèce de causes.

Analyser l'acte morbide sous toutes ses faces, dans tous ses rapports, pour voir à quelles de toutes ces causes isolées ou réunies il faut l'attribuer, c'est là une étude aussi difficile que nécessaire, et elle exige toute l'attention du praticien.

Nous avons, en second lieu, à considérer la maladie en tant qu'elle est un acte de l'organisme. Si l'on remonte à la définition elle-même de la maladie, si l'on se représente tout ce que comporte une réaction de l'organisme contre une cause accidentelle de trouble, on verra que cette réaction se compose nécessairement d'actes vitaux multiples et successifs, et que c'est leur naissance d'une seule cause, leur réunion synthétique et leur marche vers un même but qui constituent la maladie. On peut donc envisager sous plusieurs faces ce grand acte de l'économie, que l'on appelle *maladie*. On peut donc le décomposer en diverses manifestations. Ces manifestations vitales, en tant que perçues et isolées, constituent ce que l'on appelle *symptômes morbides*. Les symptômes sont donc, pour ainsi dire, des actes vitaux partiels, contenus dans un acte plus général qui est la maladie elle-même. Un symptôme est donc un acte morbide; on peut rechercher ses causes et son but. On a appelé *symptôme général* celui qui s'exécutait par l'économie tout entière, et *symptôme local* celui qui se développait seulement par une partie.

Je ferai remarquer que toutes les lésions qui interviennent dans le cours des maladies ne sont, à proprement parler, que des symptômes; car, si pour le matérialiste la lésion est tout simplement une altération du tissu, il n'en peut être ainsi pour le vitaliste. Tout ce qui se rattache à la vie, tout ce qui est sous sa dépendance, est nécessairement un acte, et dans ce sens, la lésion est un acte elle-même; c'est ainsi qu'on doit l'étudier et l'apprécier, et non comme affectant seulement la partie maté-

rielle de l'organisme. On sait que le médecin vitaliste ne doit jamais décomposer l'organisme qu'il
étudie ; ce serait le faire que de considérer la lésion
comme une altération de tissu. Non, l'organisme
vivant n'est pas un tissu , un composé matériel ; il est
lui , vivant et agissant ; tout est un acte, un acte de
sa substance entière. La lésion ainsi comprise, on
peut dire que toute manifestation morbide en suppose nécessairement une, que tout symptôme est
une lésion ; car ces deux mots ne font qu'indiquer
les modifications et les changements sensibles qu'é-
prouve la matière vivante ; c'est ainsi, ce me semble,
qu'une chaleur anormale, que la rougeur, que l'in-
jection, que les infiltrations œdémateuses, sont des
lésions, tout comme les ulcérations intestinales ou
toute autre lésion proprement dite. Il n'y a que des
différences d'intensité et de mode ; mais, dans tous
ces cas, l'organisme vivant n'en offre pas moins un
changement perceptible dans sa constitution.

A cette notion d'acte morbide , les matérialistes
ont substitué celle d'altération dans les solides ou
dans les liquides. L'étude des lésions, c'est-à-dire
l'anatomie pathologique, est devenue pour ces médecins la base de la médecine.

Trouver dans toutes les maladies une lésion de
tissu , et par là s'essayer à les expliquer, tel a été le
grand problème, la grande œuvre de l'époque actuelle. Que de discussions , que de travaux cette
pensée n'a-t-elle pas soulevés ! c'était une entreprise
impossible, et son avortement sera fameux. Toute-

fois, si cette tentative n'a pu s'élever que sur les ruines des saines doctrines et de la véritable science, il faut convenir cependant qu'elle a amené, ou tout au moins qu'elle s'est accompagnée de découvertes nombreuses et importantes, surtout dans la science des lésions. Ces découvertes, telles qu'on les a comprises, sont devenues l'origine de bien des égarements; mais il n'y aura qu'à s'en emparer avec les notions de la vraie doctrine, pour qu'elles laissent dans l'art de guérir des traces lumineuses et fécondes. Pourquoi ne se sont-elles pas accomplies au sein de la vérité, sous l'influence de l'esprit médical ?

Pour le médecin vitaliste, la question de l'anatomie pathologique se présente très-simple et aisée à résoudre. Il part, en effet, de ce point que la maladie est un acte; alors, si la lésion est primitive, effectuée directement par une cause extérieure, par un effet mécanique, elle se présente comme l'une des causes occasionnelles et déterminantes de la maladie; si la lésion est secondaire, si elle survient dans le cours d'une maladie, elle apparaît alors comme un résultat de l'action de l'organisme malade. Mais il importe de savoir que cette lésion secondaire, véritable effet morbide, peut, à son tour, devenir cause morbifique, tout comme une lésion primitive. Elle est produite; elle produit. Elle peut, parfois, être l'origine d'une foule de désordres et des plus graves. C'est toujours elle qui donne le secret de la mort, comme la vie celui de la maladie.

On comprend maintenant quelle importance le médecin vitaliste doit attacher aux études d'anatomie pathologique. On sait en effet que pour lui la nature des phénomènes morbides réside dans leur cause, et que mieux il connaît cette cause, mieux il connaît ces phénomènes; or, on vient de le voir, les lésions pathologiques se présentent presque toujours comme causes de phénomènes morbides; plus donc il approfondira la science de l'anatomie pathologique, plus il pénétrera dans la connaissance des causes et par suite dans la connaissance de la maladie.

On voit combien ces notions s'écartent de celles qui guident les médecins matérialistes. L'anatomie pathologique n'est plus pour eux une partie de la science des causes; ils ne l'étudient pas au point de vue de la causalité, et ne pensent pas l'établir comme mobile d'actes morbides. Son rôle est devenu tout autre; c'est la lésion elle-même qui est devenue la maladie, ou du moins qui explique son mode de production, son mécanisme, sa forme. C'est par une dissection poussée aux extrêmes limites, c'est par l'analyse chimique, cet autre mode de dissection, que les médecins matérialistes, essayant de pénétrer aussi avant que possible dans la composition normale et dans les altérations accidentelles de tous les solides et de tous les liquides de l'organisme. cherchent à établir la médecine comme sur une base unique; tandis que les médecins vitalistes ne trouvent en toutes ces connaissances qu'un auxiliaire

pour leur science, qu'une sorte de complément qui
doit les aider à mieux comprendre ce qu'ils tiennent pour essentiel, l'observation des actes vitaux,
leur tendance et leur but. Une lésion étant donnée,
les uns y voient le pourquoi et le comment d'une
maladie, les autres une des causes d'être de cette
maladie, ou un de ses résultats. Par l'étude de la lésion, les premiers pourraient aussitôt recomposer
la maladie tout entière, expliquer sa nature, manifester ses formes; tout cela, bien entendu, tels qu'ils
le conçoivent, aussi étroit que faux; quant aux autres, ils seraient impuissants à faire ce prodige; la
maladie est trop complexe pour eux; la notion de
sa nature tient à des considérations trop nombreuses
pour qu'ils puissent ainsi, avec un seul de ses éléments, en retracer une histoire même approximative.
C'est que je ne connais rien qui conduise à des résultats plus vastes, que ce qui présente pour caractère premier l'extrême simplicité; le vitalisme en
fournit une preuve si éclatante, que je désespère de
pouvoir en donner ici une faible idée. Le matérialisme, qui veut tout expliquer dès son début, en-
serre la science en des limites si étroites, que les
faits débordent à chaque instant; le vitalisme, qui se
borne à établir les rapports des choses, a des limites
que nul ne peut fixer : rien ne se peut imaginer qui
ait trait à la science de l'homme vivant, que l'on ne
puisse dominer et comprendre à l'aide de ses notions.

J'ai à signaler ici d'autres conséquences qui découlent de ce que je viens de dire sur la maladie considérée comme lésion ou comme acte. Une lésion en effet a nécessairement son siége, soit comme lésion de fonction, soit comme lésion de tissu, l'une du reste n'allant guère sans l'autre. Découvrir le siége d'une maladie, le préciser dans ses moindres détails, faire converger toutes les manifestations organiques vers cette unique détermination, tel est le soin, tel est le devoir du médecin matérialiste. C'est là tout son diagnostic : s'il lui fait défaut, s'il ne peut rapporter la maladie à une altération d'organes comme à un foyer d'où tout émane et où tout revient, il tombe inévitablement dans les plus confuses incertitudes. S'il advient que des maladies fréquentes lui échappent ainsi, et qu'il ne puisse les saisir et les localiser, il inventera alors pour les désigner un de ces mots qui ne représentent point une lésion, ni un acte, ni une cause, ni un résultat; le trouble des idées passe dans le langage, et l'on crée une de ces expressions qui n'expriment rien, telle que celle qui sert à désigner aujourd'hui les fièvres continues.

Le médecin vitaliste, au contraire, ne se posera jamais ce problème qui est contre la nature des choses : trouver le siége d'une maladie. La maladie est un acte, une fonction, qui a sa cause d'être, qui a sa marche, qui a son but : un acte peut-il avoir un siége ? Non, car ce dernier mot ne peut que désigner le lieu où une chose réside; or, un acte n'est pas une chose, c'est la manifestation d'un être animé,

ce sont ses mouvements, en rapport avec ses déterminations. Un acte de l'organisme peut donc s'exé-
cuter au moyen de tel organe, de tel instrument ;
peut mettre en jeu plus spécialement telle partie
de l'organisme ; mais il n'en subsiste pas moins
comme acte, avec tous les caractères d'une réaction
vitale, et non comme le résultat localisé d'une altération de tissus ou d'humeurs.

On sait que le plus grand nombre des maladies,
même celles que les matérialistes prétendent le
mieux localiser, s'accompagnent de manifestations
générales. Ces médecins ont essayé de présenter les
symptômes, dits généraux, comme des effets des
lésions locales qu'ils observaient. En un mot, encore
ici, ils ont essayé de trouver le secret impénétrable
d'expliquer la formation, le mode de production des
phénomènes morbides. Ici comme toujours, les vitalistes n'ont pas dépassé l'observation : symptômes
généraux, symptômes locaux, que les uns aient pré-
cédé les autres ou les aient suivis, tout cela rentre
pour eux dans une réaction de l'organisme vivant,
déterminée dans ses manifestations et dans sa marche, dans ses causes et dans son but.

Je prévois une objection que beaucoup adres-
seront à toutes ces considérations qui ont trait à
l'acte morbide. Ils m'accuseront de me donner trop
facile jeu en m'attaquant ainsi à ceux qui rattachent
toutes les maladies, sans exception, à une altération matérielle, et veulent trouver dans celle-ci la
raison de toutes les manifestations morbides. Ils ne

diront que souvent, en effet, malgré les plus minu-
tieuses recherches et les plus profonds moyens d'a-
nalyse, l'on n'a pu découvrir une altération suffisante pour qu'il fût possible d'en faire découler
tous les phénomènes morbides. Mais, ajouteront-ils,
ce sont là des cas qui ne rentrent pas, et que nous
ne faisons pas rentrer dans la règle ordinaire; la
plupart des maladies tiennent à des lésions d'organes ou des parties liquides de l'économie; d'autres se maintiennent en dehors; ce sont des maladies générales et que nous étudions telles qu'elles
se manifestent, sans acception d'aucune idée systématique.

Je réponds, d'abord, qu'on n'a pas droit à émettre
de pareils raisonnements et à considérer la maladie,
ici de telle façon, là de telle autre; quel nom méri-
tent ceux qui vous donnent pour vrai, en un instant, ce qu'ils vont démentir presque aussitôt?
peuvent-ils passer pour sérieux ces médecins qui
se dirigent à la fois par des principes dont l'un implique la négation de l'autre? songez donc que si
vous admettez pour une seule maladie, qu'elle consiste en une altération organique, songez, dis-je,
que logiquement vous l'admettez pour toutes! car
vous êtes fatalement entraînés dans une filière d'idées
non interrompues, et dont l'une vous jette dans
l'autre, sans que vous puissiez résister : de cette
maladie qui est une lésion, on vous force de remonter à cette notion de la vie qui en fait le résultat
de l'organisation de la matière; et alors cette notion

domine en souveraine tous les faits médicaux, et vous ne pouvez lui en soustraire aucun. D'autre part, cette maladie que vous concevez autrement que par une altération de matière, vous fait arriver à une conception correspondante de la vie, et il vous devient interdit, dès lors, d'expliquer aucun fait morbide en dehors de cette conception, d'en expliquer aucun par une lésion organique. Il faut choisir entre les deux ; mais le plus impossible est bien, sans contredit, de les admettre simultanément.

Je devrais m'en tenir à cette réfutation et passer outre. Cependant j'ai observé, dans nombre d'ouvrages et dans bien des discours, une aberration étrange et inattendue ; je parle toujours de ces systématiques qui ont pour règle de poser la matière comme point de départ et d'arrivée de tout mouvement vital, de toute manifestation morbide. Ces mêmes médecins, dans les cas où les explications du matérialisme leur ont fait défaut, je les ai vus invoquer le principe vital, placer dans son action, et même dans sa lésion, la nature intime des maladies ; je les ai vus animistes ici, matérialistes ailleurs, sacrifiant à la fois aux idées extrêmes ! n'ayant pour caractère persistant que de ne jamais entrer dans la vérité, mais passant volontiers par toutes les erreurs ! et cela se conçoit de reste, parce que leur orgueil ou mieux leur faiblesse les conduit toujours à vouloir expliquer les phénomènes par leur mode de production, à pénétrer ce qui est impénétrable ; on n'a pas facilement idée de cette philosophie simple et élevée qui ne veut pénétrer le tout de rien, et se borne à établir les rapports de causalité entre les êtres et les choses. Mesurer le possible en philosophie, c'est déjà connaître le vrai.

J'arrive à la dernière partie des études générales sur la maladie, à l'étude de son but. Elle n'existe que pour le médecin vitaliste; car il n'y a que les êtres qui agissent qui puissent avoir un but; il n'y a qu'un acte qui puisse tendre à une fin. La maladie, qui n'est qu'une altération pour le médecin matérialiste, ne peut avoir de but; c'est un dérangement survenu dans une machine pendant qu'elle fonctionnait, et qu'il s'agit de réparer. Le médecin vitaliste voit dans la maladie un acte; il peut donc se demander et dans quel but l'organisme exécute cet acte, et comment il arrivera à atteindre ce but. Tel est le double problème qu'il nous faut résoudre.

J'ai déjà implicitement répondu à la première de ces deux questions. N'ai-je pas, en effet, démontré que tous les actes de l'organisme, quels qu'ils soient, avaient un but nécessaire, celui de la conservation? La maladie est un acte; elle a donc pareil but. Avoir pour but la conservation de l'organisme, c'est résister aux causes de destruction; mais, quand malgré la résistance, elles ont agi sur l'organisme, le conserver alors, c'est le ramener à son action régulière, à la santé; c'est là ce qu'on a exprimé en disant que la nature est médicatrice des maladies. Cette notion hippocratique est rigoureuse au point de vue de la raison abstraite; une observation élevée sait toujours en trouver la manifestation; tous les grands observateurs sont là pour l'attester; et il a fallu toutes les déviations systématiques, il a fallu tout l'art particulier que l'on a mis à fausser, dans ses principes les plus purs, l'observation médicale, pour que l'on en soit arrivé à nier cette vérité que nous avions le bonheur de voir inscrite à l'origine première de notre science, et qui suffirait à elle seule pour former un grand médecin.

Reste notre seconde question : comment ce but est-il atteint? Hippocrate, et après lui tous les médecins illustres, ont répondu par la doctrine des crises. Dans chaque maladie en effet, il est un moment où se décide cette lutte de l'organisme vivant contre la cause de destruction, une heure de victoire ou de défaite, heure de jugement, crise, en un mot. Je n'ai pas à démontrer son existence; elle est nécessaire dans tout combat, dans toute lutte, et la maladie est pour nous un combat, une réaction de l'organisme, contre une cause accidentelle de trouble. La crise s'opère de telle ou telle façon, suivant que tel est l'organisme, que telle est la maladie, que telle est la cause de destruction. Prévoir cette crise, pénétrer le mode particulier par lequel elle doit s'effectuer, juger si elle sera ou ne sera pas favorable, tel est le devoir du médecin qui veut connaître une maladie. C'est là, bien certainement, son étude

la plus élevée et la plus difficile; mais c'est celle
aussi qui conduit aux meilleurs résultats. Les médecins matérialistes ont su dégager la science de
ces questions. Mais que de mutilations et de dégra-
dations dont ils ont eu à se faire exécuteurs! Non,
je ne reconnais plus chez eux la science qui a pour
objet l'homme vivant; la leur s'élève sur un cadavre, et la mort leur fournit la raison de la vie et de
la maladie.

Telles sont les trois manières générales d'étudier
et de connaître les maladies. Mais dans quel but
le médecin poursuit-il cette étude des actes morbides? Quel est ici le terme de ses efforts? On
a déjà répondu que c'est à déterminer les indications thérapeutiques. Qui peut, en effet, les fournir, sinon la connaissance des maladies? De même
donc que la maladie se connaît par ses causes,
par ses actes et par son but, de même aussi les
indications curatives se déduiront de ces considérations.

Les indications tirées des causes sont d'une extrême importance; sans elles on ne peut guère arriver à la curation : «Curatio ex cognitione causarum
« repetenda. » Cette vérité de pratique appartient aux
vitalistes, et se trouve en rapport direct avec la manière dont ils comprennent la maladie. N'est-ce pas
par les rapports de causalité qu'ils la jugent et qu'ils
déterminent sa nature?

Par rapport à leur action, on peut distinguer les causes en causes prédisposantes et en causes occasionnelles ; les unes préparent, facilitent le développement d'une maladie, les autres le déterminent. Cette distinction est importante à établir au point de vue des indications.

Parmi les causes prédisposantes et occasionnelles dont nous avons donné la division précédemment, l'attention doit se porter d'abord sur celles que l'on a appelées *universelles* ou *populaires*, parce qu'elles s'exercent sur des masses entières, à l'inverse de celles qui sont *singulières* ou *individuelles*. Aux causes universelles, qui comprennent celles tirées du sol, de la température ambiante et de l'air extérieur avec toutes ses variations, il faut rapporter les endémies, les épidémies, les fièvres stationnaires, les fièvres de saison, les constitutions médicales. Le médecin doit porter sur elles une attention soutenue ; car elles impriment aux maladies qui se développent sous leur action un caractère commun que tous les grands praticiens ont su reconnaître, et qui est d'importance majeure sous le rapport thérapeutique. Chaque contrée, chaque climat impose à ses maladies une physionomie toute spéciale, et chaque nouvelle constitution de saison change le caractère des maladies, et en particulier des fièvres continues, de façon à en faire, pour ainsi dire, comme une fièvre nouvelle, ayant sa marche et son traitement à part. La maladie, en effet, est une réaction contre les causes extérieures de trouble, et suivant que ces causes varient, elle doit varier. Or, quelle est la contrée et le climat qui n'aient pas leurs caractères propres? Quelles dissemblances entre les saisons qui se suivent! L'être humain est le plus impressionnable de tous les êtres, et croit-on qu'il réagisse indifféremment et de la même manière contre ces influences majeures, par cela qu'elles sont incessantes? J'aurai à revenir sur ces considérations en traitant des maladies fébriles aiguës. On devine, au reste, d'avance, que toutes ces notions et celles qui sont du même genre ne peuvent trouver leur place parmi les idées matérialistes.

Les causes qui appartiennent en propre à l'individu malade fournissent aussi des indications qu'il ne faut pas négliger : c'est qu'en effet tous les organismes ne doivent pas réagir de la même façon contre les mêmes causes de trouble; suivant que l'organisme est tel ou tel, la réaction sera telle ou telle. Ainsi déjà, les causes individuelles doivent modifier les maladies, dans le cas où celles-ci sont déterminées par ces causes universelles que nous venons d'étudier. Mais il y a plus, car ces causes individuelles, suivant leur nature et leur énergie, peuvent devenir elles-mêmes la cause déterminante de maladies diverses. Dans ces cas-là, leur étude devient la principale.

Les indications se déduisent en second lieu de la maladie étudiée comme acte. Or, on peut envisager la réaction morbide dans son ensemble, dans son mode général, dans sa marche, dans son développe ment harmonique. On arrivera à des notions générales sur sa nature, qui indiqueront une médication correspondante; et de même que les caractères généraux de l'action morbide en dominent les caractères spéciaux, de même ces indications 'générales dominent les indications particulières. Mais nous avons vu que la maladie pouvait se décomposer en actes morbides, distincts, isolés, que l'on appelle symptômes; d'où des indications particulières. C'est l'étude attentive de l'acte morbide qui apprend quelles sont celles de ces indications auxquelles il faut satisfaire. Tantôt il faudra négliger les indications fournies par les symptômes, et n'avoir en vue que celles qui sont tirées de la réaction générale de l'organisme; tantôt, au contraire, il faudra s'adresser tout d'abord aux premières, qui exigent souvent une intervention prompte et énergique; tantôt, en outre, la meilleure manière d'agir sur les symptômes eux-mêmes est d'agir sur la réaction générale : ce sont alors les modificateurs généraux qu'il convient d'employer. Tantôt le meilleur mode d'action sur l'état général sera d'agir d'abord sur les symptômes locaux, de modifier directement telle partie isolée de l'organisme. Je n'ai pas besoin d'ajouter que la lésion étant pour nous un acte vital particulier, les indications qu'elle fournit rentrent dans celles dont il est ici question.

On peut voir, au reste, que bien des indications tirées de l'acte morbide pourraient être rangées dans les indications fournies par les causes. N'avons-nous pas, en effet, démontré que souvent des actes vitaux étaient la cause occasionnelle d'autres actes, comme par exemple ceux qui sont caractérisés par une lésion? C'est que dans la science de l'homme vivant, rien ne peut se séparer nettement comme dans ces sciences qui ont pour objet des corps inorganiques. Chaque partie dans cette science pénètre les autres parties; chaque action y est cause; chaque action y est effet; *toutes choses y sont causées et causantes, aidées et aidantes, médiatement et immédiatement.*

Enfin, les indications se déduisent du but de la maladie, et de même que nous avons reconnu un but nécessaire, constant dans toutes les maladies, celui que l'on a exprimé par ces mots de nature médicatrice, et un but particulier à chacune d'elles, c'est-à-dire la solution spéciale vers laquelle tend chaque maladie, la crise en un mot; de même aussi nous devons trouver deux sortes correspondantes d'indications. Comme le premier est un but général et constant, l'indication qui en ressort sera générale et constante; le second est spécial à chaque maladie; il fournira des indications spéciales.

La nature est médicatrice; l'organisme humain s'essaye par tous ses efforts à vaincre la maladie, à reprendre l'équilibre. Que doit faire le médecin en face de ce spectacle? l'étudier, le méditer longuement, et cela à deux fins : la première, pour observer cette nature médicatrice et pour s'instruire d'elle. Il doit porter toute son attention sur la marche qu'elle suit, et sur les moyens qu'elle emploie pour arriver à guérir une maladie. Ce sont là pour lui les premiers et les plus féconds enseignements, et suivant ce qu'il aura appris à cette école, il pourra l'imiter et tâcher de diriger le corps vivant dans les voies où il aboutit à la guérison. En deuxième lieu, le médecin doit observer l'état de cet organisme qui lutte, et mesurer les forces qu'il déploie, afin de savoir si celles qu'il met en avant ne sont pas exagérées et ne pourraient pas, dans leur action, tourner contre lui-même, ou pour juger si elles ne seraient pas au contraire insuffisantes. Dans le premier cas, le médecin doit modérer l'action de l'organisme ; dans le second, la relever et la soutenir ; toujours il doit étudier avec soin si quelque obstacle imprévu ne pourrait pas survenir et dévier l'organisme, ou, tout au moins, l'empêcher dans ses mouvements. Cette dernière étude rentre jusqu'à un certain point dans l'étude de l'acte ; mais je l'ai déjà dit, toutes les études se pénètrent en médecine.

Restent en dernier lieu les crises morbides. Que le praticien y veille : c'est le moment suprême de la maladie. En effet, combien il faut le ménager avec soin, le respecter s'il se présente favorablement ; combien il faut, au contraire, le redouter, l'éloigner, le modifier, si l'on craint qu'il mène à mal. La maladie est un drame vivant dont bien souvent le médecin tient dans ses mains le dénoûment.

Que l'on me permette de rappeler ici ces lignes si connues, par lesquelles Georges Baglivi commençait son *Praxeos medicæ;* elles résument presque toutes les vérités qui précèdent : « Medicus « naturæ minister et interpres; quidquid meditetur « et faciat, si naturæ non obtemperat, naturæ non « imperat. »

Voilà, sans contredit, bien des études à faire pour connaître une maladie, pour déterminer les indications qu'elle fournit, pour arriver à établir son traitement. Eh bien ! ce n'est pas tout, et souvent il arrive qu'elles sont insuffisantes, que la cause ne peut se saisir, que le mode de réaction générale reste impénétrable dans sa nature, que les symptômes restent obscurs, d'une interprétation difficile, que la tendance, enfin, de la nature médicatrice ne peut se juger. Reste alors une dernière épreuve à tenter, et c'est l'épreuve des grands praticiens : elle consiste à appliquer avec prudence la médication que l'on croit pouvoir convenir et à étudier ses effets. S'ils sont favorables, on a la nature de la maladie; si l'action ne se présente pas comme salutaire, il faut essayer, comme en tâtonnant, de nouvelles méthodes thérapeutiques, jusqu'à ce que l'on rencontre celle qui s'accommode avec le génie de la maladie. C'est ainsi que la plupart du temps, l'on parvient à connaître le traitement des maladies épidémiques, et c'est ainsi que l'on est bien souvent forcé d'agir dans des cas isolés. Combien de fois il arrive, par exemple, que l'on ne peut déterminer la nature syphilitique d'une maladie qu'en employant les médicaments spécifiques de la syphilis et en étudiant leur effet ; et ainsi de même pour beaucoup d'affections et dans une foule de circonstances. Il y a donc là comme une quatrième étude de la maladie, que l'on peut appeler étude par l'action thérapeutique.

Je viens de présenter quelques considérations générales sur les indications morbides ; je ne veux pas quitter ce sujet sans dire quelques mots sur le mode d'action des agents thérapeutiques. On doit voir déjà que les médecins vitalistes et ceux matérialistes n'entendent pas faire ici une même chose. Pour ceux-ci, en effet, la maladie est un résultat, une altération matérielle. En matérialisant l'action morbide, ils doivent nécessairement matérialiser l'action thérapeutique ; ils ne guérissent plus, ils réparent. La maladie est toute chimique, ou physique, ou mécanique ; leur action sera forcément de même nature ; ils remédieront chimiquement à une altération d'humeurs, mécaniquement à un dérangement des solides. C'est ainsi que la plupart ont essayé d'expliquer l'action des saignées, des évacuants, des substances chimiques employées comme remèdes. Quand ils arrivent à se trouver devant un agent thérapeutique dont ils ne peuvent expliquer les effets de cette façon, ils baissent la tête, comme s'ils sentaient qu'il y a là, pour eux, une de ces condamnations auxquelles ils sont le plus sensibles, car ce sont, ici, les yeux et les sens qui la proclament. Ils avouent alors la chose inexplicable ; mais ils ne pensent pas que cela doive infirmer les explications qu'ils donnent ailleurs. Pour le médecin vitaliste, ces derniers cas ne l'embarrassent pas plus que d'autres ; il les conçoit tous également. Comment, en effet, un médicament agit-il, suivant le sens de sa doctrine ? En suscitant un acte vital ; c'est un agent contre lequel réagit l'organisme malade, tout comme il réagit contre tous les autres modificateurs. On peut formuler l'action des médicaments d'une manière générale, en disant que tout médicament agit à travers, et par la vie propre de l'organisme et des organes modifiés spécifiquement par l'état de maladie. Ce point de vue comprend toutes les actions thérapeutiques possibles, générales ou locales, énergiques ou modérées, hygiéniques ou médicamenteuses. Il explique également bien l'action chimique que l'on peut exercer au sein de l'organisme, et les effets des médications dites spécifiques. Dans le premier cas, c'est le produit de la composition ou de la décomposition chimique qu'on a effectuée dans la substance de l'homme vivant, c'est ce produit, dis-je, qui suscite l'acte vital et curatif ; et cela, soit dit en passant, répond à toutes les questions soulevées par la chimiatrie moderne. Dans les cas de médication spécifique, c'est l'impression produite par le médicament sur l'organisme qui entraîne la réaction organique, tout comme dans le premier cas. Ce mot de spécifique n'exprime rien de nouveau pour le médecin vitaliste. On voit combien ce point de vue diffère de celui des matérialistes. Toute action thérapeutique doit pouvoir se deviner, *a priori*, chez eux, une fois le genre d'altération physique ou chimique déterminé, puisqu'il ne s'agit que d'y remédier. Pour les vitalistes, au contraire, la thérapeutique est placée en dehors et des conditions physiques, et de la physiologie, et même de la pathologie. Ces études, et surtout les dernières, lui sont des auxiliaires puissants et même indispensables ; mais à eux seuls ils seraient insuffisants, puisque, ainsi que je l'ai déjà dit, le médicament suscite un nouvel acte vital en agissant à travers la vie des organes, modifiés spécifiquement par la maladie elle-même ; ceci nous prouve encore qu'en dehors du vitalisme, il ne peut y avoir de pratique médicale vraie et salutaire.

Si l'on cherche à se rendre compte de la méthode qui conduit à la fixation des indications thérapeutiques, on voit qu'elle peut se résumer en ces mots : l'observation directe et intuitive de l'organisme vivant. Mais comme l'organisme vivant n'a pas le même sens pour les matérialistes et pour les médecins vitalistes, il en résulte que l'observation des uns et des autres s'exerce sur des sujets de nature différente, et cela nous donne la raison de certaines formes que la méthode d'observation a revêtues dans la science matérialiste. La maladie consistant ici dans une lésion, une même lésion réclame toujours le même traitement ; la lésion constituant l'espèce morbide, pour déterminer le traitement qui lui convient, le moyen le plus sûr était évidemment de soumettre tour à tour un certain nombre de ces lésions à un certain traitement, de compter ensuite, de voir celui qui avait réussi le plus souvent, de le proclamer bon entre tous les autres, et d'établir son emploi comme règle générale. C'est à ce mode de la méthode d'observation que l'on a donné les noms de méthode numérique ou statistique; chacun sait combien il est en honneur depuis une vingtaine d'années. Pour moi, je le considère comme un des grands malheurs de la médecine moderne, et j'éprouve en ce moment les embarras que l'on ressent lorsqu'on se trouve obligé de réfuter une de ces erreurs mauvaises de tout point et qui cependant circulent librement. On ne sait, en effet, par où les aborder, car on ne peut même leur trouver une seule apparence spécieuse; cependant on ne peut les dédaigner comme ces choses qui heurtent évidemment les vérités les plus sensibles, puisqu'elles sont adoptées par un grand nombre.

Je me bornerai à cette considération : où peut conduire la méthode numérique appliquée à la thérapeutique? A démontrer que sur tant de maladies présentant les mêmes symptômes, les mêmes apparences morbides, les mêmes lésions, et en cela je fais aux numéristes la part bien large, car même cette uniformité extérieure n'existe jamais; à démontrer, dis-je, que dans ces cas, telle méthode de traitement a mieux réussi que telle autre. Mais, de deux choses l'une : ou l'on ne tirera de ce fait aucune autre conclusion , ou l'on en conclura qu'il faut, dans tous les cas de même apparence, appliquer toujours le traitement qui a le mieux réussi : dans le premier cas, le résultat de la statistique est stérile ; dans le second, il est funeste. Stérile en premier lieu ; car, de ce qu'un traitement a réussi mieux qu'un autre dans un certain nombre de cas, cela ne dit rien sur un cas particulier ; cela n'enseigne pas que cette médication lui puisse convenir ; cela n'empêche pas d'être obligé d'examiner si la nature de la maladie que l'on a sous les yeux, si ses causes, si tout ce qui la constitue enfin ne réclame pas telle ou telle médication. Il n'en faut pas moins faire une étude complète des indications du cas spécial ; et alors, à quoi sert la statistique ? Si elle n'est pas stérile, la statistique devient funeste, ai-je dit ; il suffit, en effet, de réfléchir un instant où conduirait dans la pratique cette maxime, que dans toutes les maladies qui présentent les mêmes apparences extérieures, un même traitement convient. Il n'y a plus à s'occuper alors d'indications thérapeutiques ; il n'y a plus à hésiter, à essayer, à craindre ; il n'y a qu'à bien déterminer un certain diagnostic anatomique, qu'à bien s'assurer d'une lésion , qu'à bien examiner les symptômes ; et, cela posé, il n'y a qu'à appliquer ce certain traitement que vous connaissez d'avance et que des opérations mathématiques bien faites vous ont appris. C'est ainsi qu'il y a une formule de traitement pour les bronchites, pour les pneumonies, pour les fièvres dites typhoïdes, etc. etc. Déterminez alors que vous avez affaire ou à une bronchite, ou à une pneumonie, et il ne reste plus qu'à appliquer la formule. Stoll avait presque prévu ces écarts de pratique, dans cet aphorisme : « Car celui qui ne regardera que la face extérieure seule des maladies, et leurs apparences, croira toujours voir les mêmes maladies, en quelque année et en quelque saison que ce soit, et il en soumettra mal à propos à la même méthode de réellement différentes. » (Aph. 836.).

Je le répète donc, ou la méthode numérique ne peut mener à rien, ou elle engage le praticien dans des voies certainement déplorables. Pour le médecin vitaliste, chaque malade est un sujet d'étude nouveau et comme diagnostic réel de la maladie, et comme détermination des indications thérapeutiques. La science des maladies n'existe jamais pour lui, complète et absolue ; elle ne lui sert que pour apprendre à apprendre, de telle façon qu'en face d'un malade il puisse recevoir et comprendre tous les enseignements qu'il renferme. Aussi la médecine n'a-t-elle point de limites pour le médecin vitaliste ; chaque jour il voit et apprend quelque chose de nouveau.

Je voudrais que les bornes de ce travail me permissent de déduire de là la grandeur de la médecine considérée comme art ; je voudrais montrer toutes les qualités de l'esprit, toute l'élévation du caractère, qui sont nécessaires au médecin qui veut atteindre une pratique heureuse, c'est-à-dire bonne :

je ne ferai que citer ces quelques paroles de Sydenham : « Que n'a-t-on pas à craindre d'un médecin à système, qui, voulant éblouir par un vain étalage de science, ne se fonde que sur des spéculations chimériques et des principes arbitraires. La vraie médecine, ajoute-t-il, demande bien autrement de génie, de lumière, de prudence ; car il est bien plus difficile d'apercevoir les opérations de la nature que de forger les plus magnifiques hypothèses, et l'art de guérir que prescrit la nature doit en conséquence être beaucoup plus au-dessus de la portée du vulgaire, que celui qui n'est fondé que sur des spéculations. » (Réponse à Robert Brady.) Ce sont là de ces paroles graves et sévères qu'un homme de génie lègue avec toute son autorité aux générations qui le suivent, pour que chacun, même le plus humble, s'en puisse servir contre les fortunes imméritées des plus brillantes erreurs et contre ces séductions faciles où entraîne souvent la fausse simplicité des conceptions systématiques. On percevra toujours sans effort ce que l'esprit humain imagine comme devant être, ce qu'il crée pour ainsi dire de toutes pièces et par ses seules forces ; mais la réalité des choses est autrement complexe, autrement difficile à observer ; il faut des études bien autrement laborieuses pour arriver à saisir la substance des êtres, et on peut établir entre les créations de notre entendement, et les choses réellement existantes, le même rapport qu'entre l'intelligence de l'homme et le tout infini.

Je terminerai ce que j'ai à dire sur la maladie en général, par quelques mots sur les principes qui doivent présider à la dénomination et à la classification des maladies. Les médecins modernes ont cherché à refaire cette partie de la science comme toutes les autres, et ils y ont introduit les mêmes erreurs. Leurs dénominations reposent toutes sur les altérations des solides et des liquides, et composent ce qu'on a appelé la nomenclature organo-pathologique. Cela devrait être, puisque la lésion est pour eux le point capital de la maladie. On a beaucoup vanté la rigueur presque mathématique de ces noms, et on les a comparés avec satisfaction à ceux qu'a inventés la chimie pour dénommer cha-que composé inorganique. Cette rigueur dans les mots récemment créés ne m'étonne pas, et on pou-vait l'exiger, dès que l'on prenait pour point de dé-part la lésion ; elle peut en effet se toucher, se me-surer, s'analyser, tout comme un corps inorga-nique. Mais pour moi, cette rigueur seule suffirait pour condamner ces sortes de dénominations. Une maladie, une réaction vitale, c'est-à-dire une suc-cession d'actes morbides, toujours variables et mo-biles, souvent différents dans leur nature et dans leurs causes, peut-elle se désigner comme un com-posé chimique, s'écrire comme une formule mathé-matique, s'exposer comme un théorème de géomé-trie ? Combien c'est se séparer de la logique mé-dicale, d'autant plus forte et vraie qu'elle est mieux en rapport avec le sujet de la science, l'être vivant !

On a tenu en un profond mépris bien des dénominations anciennes, parce qu'elles n'avaient pas cette précision que l'on désire aujourd'hui, et que l'on atteint en composant le langage médical sur les altérations d'un cadavre. Eh bien ! ces dénominations anciennes avec tout leur vague, approchaient bien plus du vrai, parce qu'on les créait sur l'homme vivant, d'après l'étude de ses actes vitaux, de leurs caractères généraux, et des causes qui les déterminaient. Il faut que les mots soient assez indécis et assez larges pour pouvoir renfermer les faits vitaux qu'ils sont chargés d'exprimer, et qui sont toujours si mobiles, si variables, souvent si opposés dans leur forme symptomatique, si différents dans leur nature. Essayez de définir rigoureusement une maladie, vous êtes sûrs d'en donner une définition hors de la réalité des choses et de la vérité. En appelant les catarrhes une bronchite, on se condamne à n'y voir jamais qu'une inflammation de tissu, à n'y opposer jamais qu'un traitement antiphlogistique. Ai-je besoin de dire qu'il y a là un danger pour la pratique, en même temps qu'une erreur dans la science ? Car enfin, un seul mot suffit à condamner ces dénominations, quelles qu'elles soient, c'est qu'elles ne représentent que des lésions, tandis que la maladie est un acte.

Les classifications ont été établies d'après ces mêmes principes de rigueur factice. Ceux qui ont su être logiques, dans les erreurs du matérialisme, ont classé les maladies d'après les lésions organo-pathologiques ; d'autres ont semblé rougir des résultats où ils se voyaient ainsi entraînés, et ils ont cru tourner la difficulté en prenant pour base de leur classification les caractères extérieurs des maladies, imitant ainsi les classifications botaniques ou d'histoire naturelle ; mais c'était là un impossible faux-fuyant, et ceux même qui l'avaient posé en principe y ont fait défaut les premiers ; car, ainsi que je l'ai démontré dans les premières pages de ce travail, si l'on veut une science, il faut toujours rattacher la phénoménalité à une raison d'être, à son principe ; sinon, vous n'avez que de vaines apparences, sans force et sans vie ; on ne sait où elles peuvent conduire, tout comme on ignore d'où elles émanent. Cela est si vrai, que je ne sache pas qu'on ait encore tenté, d'une manière un peu complète, une classification médicale, d'après les procédés des classifications botaniques ; et cela se conçoit, car les caractères extérieurs des actes vitaux n'ont rien de fixe, de distinct, de permanent, comme les caractères extérieurs des plantes. Il fallait donc trouver un pivot constant autour duquel vinssent se grouper ces manifestations qu'il s'agissait de classer, et ce pivot a toujours été la lésion matérielle pour les botanistes médecins, tout comme pour les médecins organiciens. Seulement, si les premiers s'en servaient ainsi que les seconds, comme d'un lien nécessaire pour réunir les phénomènes morbides, une fois les phénomènes réunis, ils avaient à peu près le soin d'en faire abstraction, ce que ne faisaient pas les médecins matérialistes conséquents avec leurs principes. Il y a là comme une sorte de diplomatie scientifique qui ne peut tromper personne, je ne dirai pas sur les intentions, mais sur la réalité des principes que l'on adopte, et sur les conséquences où l'on aboutit. La médecine doit avoir une classification à elle, sans analogue dans les sciences physiques ou naturelles, tout comme elle a un génie et un esprit de logique qui lui est propre, tout comme enfin l'homme vivant, qui est le sujet de ses études se présente avec des caractères qui le distinguent et l'isolent de toutes les autres existences. Il ne faut jamais oublier que ce sont des actes qu'il s'agit de classer, et que les actes n'ont point de réalité matérielle comme celle des corps inorganiques et végétaux. Classe-t-on les grands faits de l'humanité, et les faits historiques des nations, qui sont aussi des actes, d'après leurs caractères extérieurs, d'après leurs éléments concrets? Évidemment non; car on doit classer les objets d'après ce qui fait leur nature, et la nature des actes historiques, ou autrement dit leur raison d'être, réside dans leurs causes, se découvre en étudiant leurs rapports de causalité. Qu'on me permette, pour comparaison, de présenter un homme agissant dans la vie pratique; qui nous fera dire que telle de ses actions est généreuse, que telle autre est empreinte de bassesse? Sera-ce l'apparence extérieure, la phénoménalité, si je puis employer ici cette expression? Non; car il y aurait ainsi presque autant d'erreurs que de jugements, et on ne devinerait juste que par hasard. Telle action des plus magnanimes peut paraître vile, et telle autre, qui a tous les caractères de la grandeur, peut ne s'inspirer que de bassesse; c'est qu'ici, comme dans tout ce qui est acte, le motif déterminant, la cause, est le point essentiel. Elle seule peut conduire à juger avec vérité. Or, il en est de même dans le corps vivant: seulement, je dois le dire, ses actes se manifestent avec plus de rigueur, et on peut les préciser autrement que les actes moraux. On ne peut ni les compter, ni les mesurer, ni les analyser, ni les classer comme des morceaux de matière; mais on peut les déterminer avec une exactitude assez satisfaisante dans son genre, pour établir certains types généraux auxquels les faits particuliers se rapporteront plus ou moins. Voilà pour les caractères extérieurs; mais cela ne suffit pas, et c'est même le moins essentiel; il faut surtout rattacher à leurs causes ces actes morbides dont les phénomènes manifestés se rapprochent de certains types que l'on connaît. Ce sont là les conditions principales des classifications qui portent l'empreinte des doctrines vitalistes.

CONSIDÉRATIONS

SUR LES FIÈVRES.

Si l'étude de la maladie en général découle presque directement des notions premières de la vie, on peut dire que l'étude des maladies fébriles se rapporte, presque trait pour trait, à celle de la maladie en général ; car les fièvres sont, pour ainsi parler, la maladie primordiale, soit comme s'attaquant au plus grand nombre, soit comme affectant les fonctions les plus générales de l'organisme.

Que l'on me permette de placer en tête de ces considérations sur les fièvres les paroles que Borsieri écrivait vers les premières pages de ses *Institutions de médecine pratique*. Elles posent, pour ainsi dire, les questions principales, tout en laissant voir l'esprit dans lequel elles seront résolues :

« C'est entreprendre une tâche très-difficile, dit-il, que d'écrire sur les fièvres, et je m'y engage peut-être inconsidérément, n'ayant pas suffisamment examiné *quid valeant humeri, quid ferre recusent*. En dehors de cette immense région de la médecine pratique, il n'est rien qui soit ou plus obscur ou plus impénétrable ; je l'ai compris dès mes premiers

efforts en médecine, et une expérience plus avancée
me l'a confirmé. Plus je consultais les auteurs qui
ont écrit sur les fièvres, plus je me sentais enve-
loppé de larges et épaisses ténèbres; tant ils sont
discords et combattants quand il s'agit d'établir les
caractères, les causes et les curations des fièvres. Je
voyais les uns s'efforcer de contraindre à un petit
nombre de genres toutes les fièvres si nombreuses
qu'elles soient, et les autres s'efforcer d'exagérer
leur pluralité, divisant et subdivisant, de telle sorte
que cette masse d'individualités fébriles ne faisait
pas petite besogne. Si je voulais suivre les premiers,
un obstacle se présentait : je savais, par mon expérience acquise, l'impossibilité de réduire à un petit
nombre de genres toutes les fièvres qu'il m'était
arrivé de rencontrer dans la clinique, puisqu'en vérité elles se présentaient à moi nombreuses et distinctes par leur nature et leurs symptômes, ces fièvres qu'il aurait fallu réunir confusément, si force
eût été de s'en tenir à ces décisions émanées de l'arbitraire. De là suivait que je me tournais vers les
autres, que j'embrassais leurs divisions; mais cependant, pour ne rien cacher, je tremblais que ces
divisions ne fussent plus nombreuses que ne les
donne la nature. Telle était mon anxiété, que je ne
savais comment fixer ma pensée. Il arrivait souvent
que, sous un seul et même nom, je trouvais des fièvres qui, collationnées et comparées entre elles,
différaient autant que possible : d'autre côté, je ren-
contrais une seule fièvre identique à elle-même

d'après la description et les symptômes, et qui souvent était désignée sous des noms dissemblables. Ces choses étaient telles, que chaque jour, par de nouveaux motifs, ma pénible incertitude allait croissant ; mon esprit n'a pourtant pas succombé. J'appliquai le courage qui me restait à réunir les traités sur la fièvre publiés par les hommes du plus haut savoir, à les lire, à les relire, à rechercher avec soin en quoi ils s'accordaient, et quand ils étaient en discordance, à poursuivre ce qui les poussait en des voies contraires.

« Il est un reproche, ajoute-t-il, dont je veux me défendre auprès de mes lecteurs ; c'est celui d'avoir imité les divisions et les différences établies par les anciens, bien qu'elles ne soient plus du goût de tous ; si je m'étais éloigné de ces autorités de la médecine, j'aurais cru m'éloigner de la nature elle-même qu'ils ont suivie de si près. Pour ce qui est des noms, j'ai conservé ceux qui, consacrés par un long usage, ont passé de bouche en bouche, employés par presque tous les médecins. Je n'ai pas donné place aux noms nouveaux, si ce n'est en les employant comme synonymes, ou quand il a été nécessaire, pour exprimer des choses et des maladies nouvelles. J'en ai agi de la sorte, afin que l'union et l'affinité qui doivent subsister entre nous et ces aïeux ne soient pas dissoutes par un changement de mots. »

Telles sont les lignes qu'écrivait l'un des médecins les plus savants du siècle dernier ; lignes simples, inspirées par un amour éclairé de la science, qui semblent écrites d'hier et pour les besoins du jour. Elles me serviront de point de départ et d'appui; car je pense fermement qu'en se laissant guider par de telles pensées, on atteindra aux véritables développements de l'art de guérir, si l'on sait maintenir en son esprit les notions immuables d'une saine doctrine, critérium nécessaire de tous nos jugements.

Je ne résoudrai point ici, ni n'examinerai toutes les questions que soulèvent les fièvres, n'ayant d'autre but que d'indiquer quelques uns de leurs caractères généraux; encore n'y suis-je conduit que par le désir de tenter une application pratique des principes que j'ai développés dans la première partie de ce travail. Je ne prétends pas explorer, mais seulement laisser entrevoir l'espèce de région où doit se transporter le médecin qui veut connaître dans leur réalité ces points cardinaux de la médecine.

La fièvre constitue ou accompagne les maladies fébriles aiguës. Lorsqu'elle les constitue, on les appelle fièvres primitives, fièvres proprement dites; lorsqu'elle les accompagne, on les appelle fièvres consécutives ou symptomatiques; elles se joignent alors à des affections locales.

Les définitions de la fièvre ne manquent pas. Sans m'arrêter à leur discussion, je hasarderai de les diviser en deux grandes classes : les unes, que j'appellerai définitions vitalistes, exprimant ce grand fait que la fièvre, ainsi que la maladie en général;

est une réaction de l'organisme; ces définitions ne varient alors que dans l'expression de ce fait, et dans le jugement des conditions et des phénomènes extérieurs de la fièvre; les autres, que j'appellerai définitions matérialistes, ayant cela de commun qu'elles expliquent la fièvre, soit par une affection de propriétés inhérentes à l'organisme, soit par la lésion dont on la fait dépendre, soit, enfin, par le mécanisme selon lequel on suppose qu'elle s'effectue. A côté de ces définitions, je placerai celles qui ne caractérisent la fièvre que par ses phénomènes extérieurs; car, ainsi que je crois l'avoir démontré, il est impossible de s'en tenir à la simple expression de la phénoménalité, et ceux qui l'essayent aujourd'hui n'arrivent pas à déguiser leurs hypothèses matérialistes.

Il me semble que pour distinguer la fièvre des autres maladies, et la définir, il importe seulement de rappeler qu'elle affecte tout l'organisme, et non telle ou telle de ses parties. La fièvre, dit Stoll, est une maladie non pas seulement de telle ou telle humeur, mais de toute la substance (*totius substantiæ*). En joignant donc cette idée à celle de réaction, on a l'idée de la fièvre qui devient une réaction de toute la substance. Or, comment une réaction pareille peut-elle se manifester ? évidemment par le trouble des fonctions vitales qui s'exercent par toute la substance. Ces fonctions peuvent être ramenées à celles de la calorification, de l'assimilation, de la circulation et de l'innervation. On peut donc définir la fièvre une réaction de l'organisme dont les grandes fonctions générales, calorification, assimilation, circulation, sont diversement modifiées.

La réaction de quelques-unes de ces fonctions peut parfois se présenter plus énergique que la réaction des autres, et alors la fièvre tire son caractère spécial de la réaction qui domine; mais cette analyse est toujours difficile. L'acte fébrile est essentiellement synthétique, et l'union de ses éléments est souvent invincible; ils peuvent se pénétrer tellement les uns les autres, se combiner dans de si justes proportions, s'élever si bien ensemble, qu'on ne saurait dire alors ni quel est celui qui domine, ni quel est celui qui s'est montré le premier.

La définition que je propose me paraît comprendre toutes les formes possibles de la fièvre, et se rattacher à l'analyse véritable des phénomènes naturels et percevables de l'acte fébrile. Elle rend compte, en outre, de bien des faits que l'observation constate. Ainsi, par exemple, quel est le phénomène le plus constant de la fièvre? c'est certainement celui des changements de la température propre de l'organisme. Eh bien, si l'on se rapporte à l'étude de la chaleur animale, on verra que c'est le phénomène constant nécessaire de tous les corps organiques vivants; il se rencontre jusque dans les êtres placés au dernier échelon de l'organisation, jusque dans les végétaux qui eux aussi ont leur température propre. Si l'on étudie le développement embryogénique, on voit que c'est aussi le phénomène de la chaleur qui est le premier en date; ajoutons qu'il disparaît le dernier, au milieu des ruines successives de toutes les manifestations vitales.

Ce que je dis de la chaleur animale est vrai aussi de l'assimilation. Ces deux fonctions sont, à bien parler, les fonctions primordiales, inhérentes à toute molécule qui vit, aux existences les plus complexes comme les plus élémentaires. On remarquera que ce mot d'assimilation doit être pris dans son sens le plus général, et qu'il s'applique à tous les mouvements vitaux de composition et de décomposition. J'ajouterai à ces considérations un dernier fait ; c'est que la calorification et l'assimilation n'existant pas à l'état d'isolement dans l'organisme, mais étant liées à toutes les fonctions de l'être, et recevant de chacune d'elles des modifications réelles, on n'observera guère leurs désordres d'une manière distincte, comme ceux par exemple de la circulation et de l'innervation qui ont leurs appareils à part, et saisissables. Ce fait a son importance clinique qui apparaîtra plus tard, quand il s'agira de déterminer la nature et les divisions des fièvres.

Je viens de définir la fièvre; reste à définir les fièvres. Cette question n'en est pas une, si l'on veut se rappeler ce que je disais plus haut, que la fièvre constitue ou accompagne les maladies fébriles aiguës, et que, lorsqu'elle les constitue, on les appelle fièvres primitives, ou proprement dit les fièvres. Il y a donc entre la fièvre et les fièvres cette seule

différence que lorsqu'on parle de la fièvre on ne
dit pas si elle est tout ou partie d'une maladie fébrile, tandis que lorsqu'il s'agit des fièvres, cela
veut dire que la maladie réside essentiellement dans
l'acte fébrile lui-même. Dans le premier cas, on n'a
en vue qu'un acte de l'économie, acte isolé, étant
ou non sous la dépendance d'autres actes, tandis
que, dans le second cas, on se prononce sur une
véritable maladie, sur une réaction de l'organisme
formant un tout complet, ayant une marche et une
durée quelconque.

Mais les fièvres primitives existent-elles, et n'aurai-je cherché ici qu'à donner un sens à de vaines
illusions ? Ce n'est pas pour inventer à plaisir des
scrupules imaginaires que je pose ces questions.
Chacun sait avec quel acharnement les ont débattues
les systématiques modernes. Je ne discuterai pas un
à un leurs arguments. Exposer simplement ce qu'est
une fièvre primitive me paraît préférable. Pour
cela, un mot suffit : la fièvre primitive est un acte
de l'organisme. Devant cet énoncé, tombent toutes
ces clameurs si bruyantes, il y a quelques années,
et dont le dernier bruit s'éteint aujourd'hui. Le
grand reproche, l'accusation à la mode contre les
fièvres primitives était de dire que l'on faisait toujours avec elles de l'ontologie arbitraire. Comment
peut-on faire de l'ontologie en proclamant que les
fièvres sont un acte vital ? est-ce créer un être nouveau que d'observer et de définir un acte de l'or-

ganisme ? Sur quoi donc peut frapper cette célèbre accusation ?

Une réaction générale de l'organisme se conçoit très-bien au point de vue vitaliste. C'est même la réaction élémentaire, celle qui se saisit le mieux, comme celle qui s'observe le plus souvent. Car d'un côté les causes dont l'action est la plus constante et à la fois la plus énergique, ces causes sont générales. exercent leur action non sur tel ou tel organe, mais sur l'économie entière ; et d'un autre côté c'est une des premières et des plus évidentes vérités de la pathologie que les manifestations organiques présentent entre elles une corrélation intime, une union nécessaire qui les résume en une unité indissoluble, qui place la vie de chaque organe sous la dépendance d'une sorte de vie générale et harmonique. Cette force active qui relie tous les appareils et assure leur concours vers une même fin, cette vie, en un mot. peut se soulever contre les atteintes qui lui sont portées par telle ou telle de ces grandes influences qui agissent sur toute la masse vivante. C'est là la fièvre si bien appelée primitive ou essentielle par les anciens.

Les médecins matérialistes ne pouvaient accepter ces notions, il fallait suivre la pente et développer les conséquences des principes qu'ils avaient adoptés. La maladie ne peut être pour eux qu'une altération de tissu et de propriétés vitales qui elles-mêmes dépendent de l'organisation matérielle. Admettre une maladie primitivement générale, c'était donc condamner leur système. Ils devaient localiser dès le début toute affection , et expliquer par des sympathies physiologiques, ou par des raisons mécaniques les troubles généraux qui caractérisent la fièvre. En indiquant comment ils ont résolu ce problème, j'examinerai sommairement l'état actuel de la question des fièvres.

Je dois dire tout d'abord que je me croirai le droit de condamner une assertion chaque fois qu'elle se rattachera aux principes matérialistes , qu'elle en découlera comme une conséquence. Je ne peux tenir pour inutiles les parties de ce travail qui précèdent, et si j'ai su condamner le matérialisme dans ses principes premiers, je dois, sans autre discussion, pouvoir rejeter tout ce qui trouve en eux sa raison d'être. C'est la forme de critique la plus brève et à mon sens la plus sûre. Elle me dispensera en outre de détails qui ne peuvent trouver place ici.

Ce ne fut pas subitement et par éclat que l'on formula nettement dans les fièvres la doctrine matérialiste. On y fut conduit peu à peu, soit par l'attrait de découvertes nouvelles en anatomie pathologique, découvertes qui furent mal interprétées ; soit par les séductions qu'exercèrent des tentatives de classification simples et claires, et que la foule adopta avec entraînement, comme toutes les nouveautés faciles ; classifications qui reposaient sur des principes faux, puisqu'elles cherchaient le plus souvent à caractériser les actes morbides par leurs caractères extérieurs, quand elles ne les caractérisaient pas directement par une lésion organique. Il arriva enfin un moment où l'on perdit tout à fait le sens des anciennes doctrines, et où la confusion s'établit par la perte de ces grandes vérités et par tous les essais nouveaux, essais vagues et n'ayant point la hardiesse de s'adresser à la totalité des faits médicaux.

Ce fut alors que le matérialisme se dressa de toute la hauteur de ses prétentions. L'anarchie fit son triomphe. Ce fut d'abord aux fièvres qu'il s'adressa comme le font nécessairement tous les systèmes et toutes les doctrines. Plus de réaction de l'organisme, plus d'actes vitaux ayant leur raison d'être dans l'activité vitale; plus de ces larges rapports établis entre le monde extérieur et l'économie tout entière; ce n'est plus une harmonie incessamment éprouvée entre l'être vivant et le milieu qui l'entoure; ce n'est rien de tout cela qui est le point de départ des phénomènes morbides, de même que ce ne sont plus les rapports de causalité primordiale qui livrent la notion de la vie. L'organisme devient passif; c'est un corps doué de propriétés existant par son organisation spéciale; et lorsqu'il s'agite tout entier sous les angoisses de la fièvre, on expliquera cette agitation par une modification de propriétés, ou par une altération dans la substance. Toute fièvre procédera, par exemple, d'irritation, et l'irritation se démontrera par une lésion de tissu; on ouvrira donc des milliers de cadavres pour

découvrir le secret des actes fébriles ; on trouvera
ou on croira trouver que la muqueuse de l'estomac
est injectée, que la muqueuse de l'intestin grêle
présente des gonflements glanduleux, des ulcérations fréquentes ; on verra là des effets de l'irritation de ces membranes muqueuses. On y placera
la nature des fièvres, et l'on émettra à grand bruit
cette grande découverte que la fièvre est une gas-
tro-entérite, et que toutes les descriptions de fièvres
des anciens se résument en ce terme unique, en
cette lésion inconnue. D'autres contesteront: la muqueuse de l'estomac n'est point malade dans les
fièvres, diront-ils; mais en revanche, les ganglions
du mésentère sont enflammés, en même temps que
la muqueuse de l'intestin grêle; la fièvre est donc
une entéro-mésentérite. Ils iront même plus loin,
prétendant que toutes les fièvres ne sont pas conte-
nues en ce seul mot, que plusieurs ne consistent
qu'en l'irritation de la membrane interne de l'ap-
pareil artériel; et la fièvre pourra être alors soit une
cardite ou aortite, soit une artérite. D'autres sou-
tiendront qu'il y a lésion des centres nerveux et des
ganglions splanchiques. Ce sont là les manifestations les plus nettes du matérialisme. Ces mots
divers sous lesquels les fièvres ont été désignées
contiennent, on le voit, une pathologie tout entière;
ils révèlent bien et la propriété vitale qui est altérée, et l'organe qui est lésé, et le traitement qu'il
faut employer. S'ils ne signalent rien sur les causes
qui ont déterminé la maladie, ce point-là n'est

qu'accessoire. Quelle que soit la cause, elle n'eût pu jamais produire qu'une même inflammation de ces mêmes organes.

Cette expression des idées matérialistes eut un long retentissement. Elle exerça une de ces dominations soudaines et éclatantes qui n'appartiennent qu'à l'erreur ; car le triomphe de la vérité est lent et modeste. Heureusement que les erreurs passent, et que la vérité a toujours son temps ; elle seule a la durée et l'avenir. Si elle est encore à naître, elle naîtra ; si déjà née, elle ressort plus brillante et mieux affermie de la nuit des systèmes. C'est ainsi, pour le dire en passant, que le philosophe doit toujours se consoler, que le sage doit toujours attendre. Espérer le vrai n'est jamais se livrer à une illusion, c'est se fier à la plus inévitable des réalités.

La pyrétologie matérialiste ne resta pas longtemps dans l'inviolabilité qui lui paraissait acquise. Chaque nouveau malade l'ébranlait dans ses fondements. Ce qui embarrassait surtout, c'était ce traitement fixe et invariable qu'elle consacrait et que tous ne se résignaient pas à appliquer les yeux fermés. Il fallait donc changer ses idées sur les fièvres. Pour cela il y avait deux moyens : l'un radical, qui était de renier dans leur principe même les idées matérialistes ; on arrivait ainsi à une entière réforme de cette pyrétologie nouvelle. L'autre moyen consistait à biaiser, et c'est celui que l'on choisit. On n'alla pas attaquer l'arbre dans ses racines ; on chercha

seulement à déguiser ses fruits. On resta matérialiste, mais on se garda de l'avouer tout haut.

Ainsi firent ceux qui inventèrent la fièvre
typhoïde, création qui trahissait un matérialisme
sans courage, honteux de lui-même. Et, en effet,
comment a-t-on réuni toutes les fièvres en la fièvre
typhoïde ? Comment a-t-on composé cette unité
fébrile ? Est-ce simplement d'après les phénomènes
apparents, d'après la forme extérieure de la maladie?
Non, car ces phénomènes sont si variables que
ceux-là même qui ont constitué l'unité typhoïde
en ont admis plusieurs formes ; quelles seraient
les formes d'une fièvre qui ne serait elle-même
qu'une forme ! Ce n'est donc pas là que peut se
trouver la raison d'être de l'unité typhoïde. Sera-ce
dans sa cause ? Non, car les causes des fièvres que
l'on renferme sous le nom de fièvre typhoïde sont
essentiellement variables, tantôt endémiques, tantôt
épidémiques, tantôt dues au genre de vie du malade,
ou à toute autre influence. Il est impossible d'iden-
tifier ces causes diverses, comme on identifie les
maladies qu'elles déterminent. Si ce n'est pas non
plus par les causes qu'est constituée la fièvre
typhoïde, où peut donc se cacher le mystère de
son existence ? Pour le découvrir, il nous faut
retomber en plein matérialisme. La plupart des
fièvres présentent une lésion des follicules intestinaux, et cette lésion est la raison suprême de l'unité
typhoïde. Toutes les fièvres qui offrent ces lésions
sont des fièvres typhoïdes ; celles qui ne les pré-

sentent pas ne sont point admises comme fièvres. Mais d'un côté pourquoi cette admission, et de l'autre pourquoi cette exclusion? Qui donne le droit de poser ces règles et ces affirmations? Il y a là de l'arbitraire, et l'arbitraire ne doit être toléré nulle part, surtout dans la science. Toutefois, allons plus avant, et jugeons en eux-mêmes ces raisonnements. Toutes les fièvres sont unes, dit-on, parce que toutes se montrent avec une lésion à peu près identique. Mais c'est donc alors la lésion locale qui fournit la raison de la maladie, qui établit son existence, qui la distingue des autres; c'est donc là l'élément fondamental d'un état morbide; vous êtes donc matérialistes !

A cela on répond : la lésion n'est ici qu'un résultat; mais par cela seul que ce résultat est constant, la maladie qui le produit est une. Les ulcères intestinaux ne sont, il est vrai, qu'un effet de la maladie; mais il n'y a qu'une même force qui produise les mêmes effets. C'est ainsi que dans la variole, il y a l'exanthème varioleux, et de même dans la rougeole, dans la scarlatine. Cette dernière assimilation est fausse ; car ce n'est pas l'exanthème varioleux qui caractérise essentiellement la variole, pas plus que le bubon, la peste; mais c'est cette cause spécifique qui apparaît et dans la variole et dans la peste; c'est la marche toujours constante de l'affection ; c'est l'uniformité de ses phénomènes; c'est sa durée régulière lorsque la violence du mal ne détruit pas l'organisme, toutes choses dues à cette cause spécifique qui caractérise la variole. On a admis, chacun le sait, des varioles sans exanthème. Comment donc pouvait on déterminer dans ces cas la nature de la maladie? Par sa cause probable. Les histoires de varioles sans exanthème se rapporten toujours à des individus exposés directement à la contagion varioleuse, et qui sous cette influence étaient saisis de quelques phénomènes morbides en rapport avec ceux de la variole elle-même. Rien de semblable s'observe-t-il dans les affections dites typhoïdes? La cause en est-elle spécifique? La marche en est-elle constante et régulière? Les phénomènes en sont-ils uniformes? La durée en est-elle toujours également mesurée? Peut-on établir un rapport entre la gravité de la fièvre et l'ulcération intestinale, comme on en établit un entre la gravité de l'affection varioleuse et la gravité de l'exanthème? Croit-on que si l'on parvenait à détruire cette prétendue cause spécifique de la fièvre typhoïde, ce virus, en un mot, croit-on qu'il n'y aurait plus de fièvres? Supposez l'exanthème de la variole profondément caché et ignoré, conservez à l'affection tous ses autres caractères, et que l'on se demande alors si un observateur attentif n'eût pas su découvrir, caractériser et définir l'affection varioleuse. Pourrait-il en faire autant pour l'affection typhoïde, et cette merveilleuse unité eût-elle pu être constituée si l'on eût supprimé l'autopsie? Poser ces questions, c'est les résoudre, et par une négation absolue pour les esprits libres de toutes les entraves des systèmes.

D'ailleurs, au point de vue doctrinal, c'est en premier lieu la cause et en second lieu la forme extérieure, qui caractérisent une maladie, et lorsque deux maladies se séparent par ces deux ordres de faits, il n'est pas permis de les réunir et de les confondre parce que l'une et l'autre offriront quelques lésions identiques. N'ai-je pas démontré que la lésion n'était en réalité qu'un symptôme ? Quelle autre valeur peut-elle avoir pour déterminer la nature d'une maladie ? Réunira-t-on en une même espèce deux maladies, parce que dans l'une et dans l'autre la langue sera sèche, fendillée, couverte d'un enduit épais et adhérent? N'est-ce pas là pourtant une véritable lésion ? La chaleur et l'aridité de la peau ne sont-elles pas encore une autre sorte de lésion? Et ainsi de bien d'autres symptômes qui, à bien parler, ne peuvent se séparer d'une altération de tissu. Qui ne connaît et qui oserait répudier cet aphorisme, *que des maladies peuvent présenter les mêmes symptômes et être réellement différentes?* Que dire alors de ceux qui croient avoir une raison suffisante d'assimiler des maladies, parce qu'elles présentent un symptôme commun, tandis que tous les autres varient!

D'ailleurs, que l'on m'indique un seul avantage offert par cette réunion systématique des fièvres! Où en est l'utilité pratique, même la plus légère? Mais ce n'est pas ce qu'il faut demander ici; car il serait heureux qu'on eût pu adopter la fusion typhoïde des fièvres, sans trouver des désastres réels

en cette fiction! Mais en médecine, il n'y a point
d'erreur première, d'erreur tenant à un esprit de
doctrine, qui n'arrive fatalement à altérer dans ses
parties essentielles l'art de guérir. On peut à la rigueur se tromper dans les théories, dans les explications ; on peut méconnaître ou mal interpréter
nombre de faits; si la doctrine est bonne, les préceptes fondamentaux de l'art seront sauvés. Et c'est
pourquoi les anciens, malgré leurs erreurs et leur
ignorance, sont restés de grands médecins , tandis
qu'avec toutes les découvertes modernes, on demeure
au-dessous d'eux comme praticiens.

Je reviens à cette question : quels sont les résultats
thérapeutiques auxquels devaient conduire et ont
conduit les idées du jour sur la fièvre typhoïde? Ceux
qui formulent nettement les fièvres au point de vue
matérialiste, en les appelant des gastro-entérites ou
des en téro-mésentérites, ceux-là, dis-je, formulaient
en même temps toute une méthode thérapeutique;
leurs erreurs de doctrine les suivaient pied à pied
au lit du malade ; ils affirmaient le faux en science,
ils réalisaient le mal dans l'application. Aujourd'hui
ces fameuses erreurs ont effrayé les médecins; mais,
je le répète, on n'a guère cherché qu'à les déguiser.
On a abandonné les études de pure doctrine , et tout
a été fait pour éviter de se prononcer sur ces questions générales que l'on redoute. La pensée qui a
présidé à l'invention de la fièvre typhoïde est évidemment une pensée de doute philosophique : l'on
reste matérialiste , mais sans l'avouer ni même le

savoir, et l'on ne saurait trop admirer la logique des événements en voyant que, des hauteurs de la science, le doute est descendu dans l'art.

C'est réellement un fait incontestable aujourd'hui, que la thérapeutique des fièvres est livrée à toutes les incertitudes ; pour s'en convaincre, il suffirait de voir comment la plupart des médecins ont cherché à résoudre le problème de la curation des fièvres. Les uns la déduisent de quelques idées mécaniques ou chimiques; d'autres, et c'est le plus grand nombre, essayent de tous les traitements un même nombre de fois, cherchent à calculer, et en définitive arrivent à proclamer que toutes les méthodes sont également bonnes, et que même ne rien faire vaut autant. Etranges égarements! Mais aussi quelle idée renferme le mot de fièvre typhoïde? Quelle sorte d'indication en émane? C'est la présence de quelques lésions intestinales qui fournit sa raison d'être ; quelles idées thérapeutiques peut-on déduire de ces altérations étudiées sur le cadavre!

Tout bien examiné, on arrive à conclure que c'est la grossière connaissance de quelques symptômes extérieurs qui peut encore donner les moins funestes indications au médecin élevé dans les idées de la fièvre typhoïde. Quelle étroite médecine que celle qui ne peut dépasser les symptômes!

On a cherché, il est vrai, dans ces derniers temps, à élargir cette étude en décrivant plusieurs formes de l'affection typhoïde. C'est un progrès incontestable, non pas qu'il puisse encore améliorer grandement la thérapeutique des fièvres; il ne change en rien la nature, ni par conséquent le mode des indications. Mais je lui trouve cet avantage de détruire peu à peu cette fausse simplicité qu'avait introduite dans l'étude des fièvres leur réunion forcée. Puisqu'en effet on ne se résout plus à dire : Voilà une fièvre typhoïde, mais qu'encore on recherche quelle est sa forme, cela, ce me semble, doit conduire naturellement à la distinction des fièvres. Lorsque, par exemple, l'on admet une fièvre typhoïde bilieuse, il n'y a plus vraiment qu'un pas à faire pour admettre une fièvre bilieuse, et ainsi des autres. On y sera amené d'autant mieux qu'il y a presque un non-sens à dire la forme d'une fièvre typhoïde; ces derniers mots ne signifient-il pas fièvre qui a une forme de stupeur? Qu'est-ce donc que désigner la forme d'une fièvre, quand déjà elle en a une spéciale? Ainsi l'on sent à cette heure que l'unité typhoïde est insuffisante, et on voudrait l'élargir sans la détruire; mais on s'y consumera en vains efforts. Lorsque l'on dit fièvre typhoïde bilieuse, qu'ajoute le mot typhoïde à la valeur de l'expression? Pourquoi ne pas dire tout simplement fièvre bilieuse? craindrait-on de paraître retourner aux anciens? Ce serait retourner à la simple et véritable observation, au bon sens médical, qui vaut mieux que science vaine et que connaissances curieuses, ces fétiches du jour. S'il est un fait qui se présente de lui-même à tous les esprits, c'est qu'il existe plusieurs espèces de fièvres. Cette opinion, je peux le dire, serait celle de tous ceux qui, n'étant pas encore atteints par les préjugés, auraient fréquenté quelque peu des salles de fébricitants; comme elle doit être aussi l'opinion de ceux qui auront su se placer au-dessus des préjugés qui ont cours. La vérité se rencontre ainsi aux deux extrêmes : ici, à l'état instinctif; là, comme notion raisonnée. L'instinct et la raison conduisent d'ordinaire à même fin sur tous les dogmes importants.

Je ne peux passer sous silence une autre forme de matérialisme appliqué aux fièvres continues, et qui consiste à placer la nature intime de celles-ci dans une altération primitive du sang. Cette opinion est toute condamnée pour nous, puisque, dérivant directement du matérialisme, elle place la maladie dans une altération matérielle. Or, dans notre doctrine la maladie est un acte, et les altérations du sang ne seront jamais ou que l'un des épiphénomènes d'une réaction morbide, l'un de ses résultats, si l'altération est secondaire; ou que l'une de ses causes déterminantes, si l'altération est primitive. Les altérations du sang seront donc causes ou effets des maladies, mais non celles-ci elles-mêmes. On ne peut donc placer dans ces lésions humorales la nature des affections typhoïdes. Du reste, le pourrait-on, on n'aurait jamais obtenu qu'une notion stérile. Que déduire de cette idée d'altération du sang, quel traitement raisonnable, quelle classification des fièvres ? La médecine se peut faire toute au lit des hommes souffrants, et le creuset du chimiste ne lui est pas si nécessaire, que sans lui on ne puisse comprendre et juger les fièvres continues. Observer l'homme malade, étudier ses rapports avec le monde extérieur, porter son attention sur la marche et la tendance de ses actes morbides, telle est la grande source de toutes nos notions scientifiques, de tous les préceptes de l'art de guérir.

Voilà données bien en raccourci quelques-unes des raisons générales qui me portent à rejeter les idées que l'on professe actuellement sur les fièvres. C'est une question qu'il faut, à mon sens, étudier presque complétement chez les anciens. Ils l'ont admirablement comprise et développée, et au lieu d'y ajouter, nous n'avons fait que détruire ce qu'ils avaient élevé ; faute d'être convaincus que continuer l'œuvre antique, l'œuvre commencée, constitue le véritable progrès pour notre science, comme peut-être pour toutes les sciences qui ont pour objets des êtres vivants et agissants. Les enseignements antiques sur les fièvres étaient bien autrement nombreux, complexes, difficiles, je dirai même variables, que les nôtres. Ce leur sera un reproche adressé par bien des esprits superficiels ; mais, pour d'autres, cette complication de leurs études, loin d'être un défaut, est une haute qualité ; elle est due à ce qu'ils approchaient bien plus que nous de la réalité des choses, à ce qu'ils savaient apprécier dans leur vérité tous les mouvements et toutes les significations des actes vitaux. Ils se gardaient de forcer les analogies pour obtenir une fausse simplicité, sachant que celui-là est le plus savant, qui distingue le mieux. Voici d'ailleurs les traits principaux d'une pyrétologie tout inspirée de leurs idées.

J'ai dit, à propos de la maladie en général, qu'on pouvait diviser en trois ordres les notions qu'elle renfermait : notions de la cause, notions de l'acte et notions du but. J'envisagerai successivement les fièvres sous ces divers points de vue.

1° *Étude de la fièvre sous le rapport de la cause.* — On peut, à l'exemple de Stoll, diviser les causes de la fièvre en singulières et en universelles. Les causes singulières se rapportent toujours à tel ou tel individu, sont dues à telle ou telle circonstance spéciale ; les causes universelles ou populaires, au contraire, sont communes à plusieurs à la fois, et sont dues à une certaine constitution des années revenant périodiquement, ou au changement des saisons, ou à quelque miasme intercurrent. « De là, dit Stoll, naît une division importante des fièvres, attendu que les causes *singulières* donnent les fièvres *sporadiques*, ainsi que les *singulières ;* et que les *universelles* donnent les *stationnaires*, les *annuelles* et les *intercurrentes épidémiques.* » A ces causes et à ces fièvres populaires, je crois devoir ajouter celles qui tiennent aux localités elles-mêmes, et que l'on appelle *endémiques.*

A. *Fièvre sporadique.* — Elle trouve sa raison d'être dans quelque disposition particulière de l'individu qui n'est point sous la dépendance des modificateurs généraux : tel genre de vie, telle alimentation, telle profession, tel accident, sont la cause de la fièvre sporadique. Toutefois, si une constitution médicale bien prononcée, si une maladie épidémique existe simultanément, la fièvre sporadique en sera modifiée et pourra se convertir en la fièvre régnante.

B. *Fièvres populaires.* — Haller les appelait la vie des maladies, parce qu'en effet elles impriment à chaque état morbide un caractère tranché et commun qu'il importe avant tout de bien déterminer. J'ai indiqué ci-dessus les diverses fièvres qui étaient con-tenues sous ce mot de fièvre populaire ou univer-selle. Je vais toucher à chacune d'elles.

1° *Fièvre stationnaire.* — On a donné ce nom à une certaine forme fébrile qui durerait pendant un cer-tain nombre d'années pour être remplacée après par une autre et ainsi de suite. Ce sont là des notions qui n'ont plus cours. Il ne pouvait en être autrement ; leur nature devait être méconnue sous la direction actuelle des études.

La fièvre stationnaire est un fait d'observation, et je vais laisser parler un grand observateur :

« La fièvre stationnaire, dit Stoll, est renfermée dans le cours d'un certain nombre d'années ; elle s'accroît peu à peu, elle est dans sa force, et décroît ensuite, cédant sa place à une autre stationnaire d'un autre caractère, qui lui succède.

« Les mêmes stationnaires reviennent-elles dans un ordre stable et certain, après un cours d'années déterminé ? ont elles un nombre limité, ou bien en naît-il parfois de nouvelles ? On ne peut le déterminer, à cause du défaut d'observations faites pendant beaucoup d'années sans interruption, par des médecins habiles, dans un même lieu, et comparées avec des observations semblables faites ailleurs.

« Ainsi, on ignore, jusqu'à présent, la nature, le nombre, l'étendue, la période des fièvres stationnaires.

« Seulement, il est constant, d'après les observations de Sydenham et les miennes (il aurait pu citer encore Baillou), que la fièvre stationnaire étend son pouvoir sur toutes les fièvres et les maladies fébriles absolument, soit qu'elles dépendent des changements de saison, soit qu'elles soient produites par quelque cause singulière, et qu'elle les soumet à son empire.

« Que la fièvre stationnaire exerce aussi une grande puissance sur les maladies chroniques, fébriles ou non.

« La fièvre stationnaire se déguise souvent et diversement, et imite différentes maladies, quoique au fond son caractère soit partout le même, et la méthode de traitement la même dans tous les cas.

« Mais la nature de la stationnaire peut être connue : 1° par la terminaison spontanée de la maladie abandonnée à elle-même, effectuée par les seules forces de la nature, et par son issue diverse, spontanée ; 2° par l'observation de ce qui, employé à l'aventure, a été utile ou nuisible ; 3° par son analogie avec d'autres fièvres d'ailleurs connues.

« On comprend par là ce qu'il y a à faire dans le début d'une fièvre nouvelle.

« Et attendu que, sous les mêmes qualités sensibles de l'air, on n'en a pas moins observé parfois des fièvres stationnaires différentes, il est clair que les fièvres populaires ont aussi d'autres causes inconnues jusqu'à présent. »

Raymond, de Marseille, a signalé des faits remarquables de fièvre stationnaire. « Toutes les maladies, dit ce médecin, ont constamment été modifiées sur le type stationnaire, et il y a eu deux de ces types dans l'espace de trente-sept années que je parcours. Ainsi, les maladies ont été du mode mou, d'un orgasme faible depuis l'année 1755 jusqu'à celle de 1772, espace d'années où la station de ce mode a régné ; et au contraire, elles ont été du mode fort, d'un orgasme actif, avant et après ce période d'années, époque où la station forte a dominé. Cependant, il y a eu également, durant l'une et l'autre station, des maladies de même dénomination, de même genre, des pleurésies, des angines, des rhumatismes, des dysenteries, des érysipèles, etc., amenées par les mêmes intempéries intercurrentes, ainsi que des fièvres de même type, synoques, rémittentes et intermittentes, occasionnées par les mêmes qualités et affections de l'air dans le cours de l'année. »

Pense-t-on que tous ces faits signalés par de si grands observateurs soient des faits controuvés, produit brillant, mais sans réalité, de leur imagination ? préférerait-on les attribuer à des circonstances

exceptionnelles qui ne se renouvelleraient plus aujourd'hui? soutiendrait-on alors que les maladies se
maintiennent fixes et immuables d'années en années,
ne perdant, n'acquérant aucun caractère nouveau ,
tout ainsi qu'un théorème de géométrie subsiste , à
travers les temps , dans son immobilité comme dans
sa vérité? Je n'ai pas besoin de montrer que cette
dernière opinion est en désharmonie avec le génie de
la médecine et de l'homme vivant, tel que l'établit
la doctrine du vitalisme.

Pour moi, je voudrais qu'il me fût permis de poser
quelques questions , et de ne hasarder la réponse
que sous forme de doute : le mode stationnaire des
fièvres actuelles est-il le même que celui des fièvres
de 1820 ? les fièvres , à cette époque, n'auraient-
elles pas été d'un mode stationnaire fort, d'un orgasme actif , pour me servir des expressions de
Raymond ; et auprès de bien des médecins praticiens , cette fièvre stationnaire n'eût-elle pas servi
comme de passe-port à la médecine physiologique
de Broussais, qui conduisait à une thérapeutique
exclusive, mais qui convenait à la fièvre stationnaire
du moment ? Aujourd'hui les fièvres ne seraient-
elles pas d'une nature moins inflammatoire ? n'au-
raient-elles pas pris depuis une quinzaine d'années
un caractère plutôt bilieux ? En outre , les fièvres
nerveuses ne seraient-elles pas plus fréquentes qu'il
y a quelques années ? On comprendra que, s'il est
possible de résoudre ces questions , ce n'est guère
en employant comme méthode d'observation l'étroit

et facile calcul de la statistique et en rassemblant toutes les fièvres sous l'unité typhoïde, de façon à tout confondre et à ne rien distinguer.

2° *Fièvre annuelle.* — « On appelle fièvres annuelles, dit Stoll, celles qui reviennent chaque année et se succèdent de même, — à moins que quelque irrégularité des saisons et des circonstances désordonnées de l'atmosphère n'arrivent à la traverse et ne troublent cette succession de fièvres annuelles (aph. 36). Que si les saisons de l'année n'observent pas leur marche ordinaire, l'ordre des fièvres, par rapport aux saisons, sera changé (aph. 40). Ces fièvres annuelles, de même que les stationnaires, augmentent peu à peu, sont dans toute leur force, disparaissent ensuite peu à peu, soit par rapport ua nombre des malades, soit par rapport à la violence de la maladie (aph. 42). En outre, on observe vers le commencement et à la fin des constitutions annuelles, un certain genre de fièvres mixte et composé (aph. 43). Chacune des fièvres annuelles a ses maladies subalternes : ainsi les maux de tête, les maux d'yeux, les angines, les toux, les flux de ventre, etc., suivent, comme maladie subalterne, la fièvre principale ou cardinale et doivent être traitées de la même manière que la fièvre dominante (aph. 44), d'où dérive une loi de la plus grande importance : de ne pas faire la même médecine à la même maladie en apparence, dans les différentes maladies annuelles régnantes (aph. 46). En général, celui qui traite une

fièvre doit avoir égard en même temps et à l'annuelle et à la stationnaire, parce que celle-ci, quoique
stationnaire, est altérée de différentes façons dans
les diverses saisons de l'année, quand la fièvre annuelle n'est pas la même (aph. 49). Les fièvres annuelles excèdent-elles quelquefois leurs limites,
n'étant pas supprimées par la succession des saisons?
s'étendent-elles alors à d'autres saisons de l'année,
destinées à produire d'autres fièvres? et n'obtien-
nent-elles pas ainsi une station prolongée, devenant
alors fièvre stationnaire? (Aph. 50.)

Voilà quelques-uns des aphorismes que Stoll con-
sacre aux fièvres annuelles, et qui expriment avec
autorité et avec précision ces faits élevés d'observation.

3° *Fièvres intercurrentes épidémiques.*— Quelques
fièvres produites par une cause toute spéciale et
souvent indéterminée, dues parfois à un miasme
particulier, viennent se mêler souvent au milieu des
fièvres annuelles et stationnaires étant plus ou moins
en rapport avec celles-ci ; elles se répandent rapi-
dement au milieu des populations et sont appelées
épidémiques intercurrentes. Découvrir la nature de
cette nouvelle fièvre et le traitement qui lui convient, est comme partout la règle du médecin, et
il y arrive ici par les mêmes études que dans les
autres fièvres. Toutefois l'on doit savoir que le
grand moyen de pénétrer la nature des maladies
épidémiques se trouve surtout dans l'observation

de *ce qui sert et de ce qui nuit.* Il faut savoir que les méthodes ordinaires les plus rationnelles en apparence échouent souvent, et que c'est une observation laborieuse, un tâtonnement éclairé, quelquefois même une sorte d'inspiration, qui nous révèlent la curation convenable. Tout le monde connaît les admirables préceptes donnés par Sydenham à ce sujet dans son chapitre des maladies épidémiques.

4° *Fièvres endémiques.* — Elles sont dues à ces causes qui tiennent aux localités elles-mêmes, causes dont il faut étudier l'action avec soin, avec persévérance. Ce sont ces causes qui font que les fièvres d'un pays ne sont souvent pas celles du pays voisin. Le médecin des villes qui a en même temps occasion d'observer les maladies des villages voisins, peut témoigner de la puissance de ces causes, de la réalité de leurs effets, des modifications qu'elles nécessitent dans les moyens de curation. Baglivi avait soin de dire : *J'écris pour Rome.* Une action endémique des plus manifestes est celle des miasmes marécageux. Ce ne sont pas seulement les fièvres intermittentes qui se rattachent à cette influence ; elle imprime à presque toutes les fièvres graves un cachet spécial qui fait que celles-ci sont insidieuses, rapides, écrasantes, et bien propres à étonner le médecin qui les observe pour la première fois.

Telles sont les principales données de cette science qui a pour objet d'établir les rapports de causalité des maladies fébriles. Je ferai, pour ter-

miner, une réflexion afin de répondre à des objec-
tions qui déjà peut-être se sont présentées à bien
des esprits. *Curatio ex cognitione causarum repetenda,*
ai-je dit ; mais avons-nous pénétré dans la connaissance d'aucune cause ? Nous disons qu'il faut rapporter les fièvres à telle ou telle cause, et cependant nous ne donnons aucun éclaircissement sur les
causes que nous signalons. Nous ne déterminons la
nature d'aucune d'elles ; comment pourront-elles
nous révéler la nature des fièvres ? nous ne sommes
pas pourtant ici en contradiction, et notre façon de
raisonner est exactement la même que celle que
nous avons employée à propos de la vie : qu'avons-
nous dit alors en effet ? que la vie était due à une
cause, mais que nous ne pouvions pas pénétrer la
nature de cette cause ; que d'ailleurs elle ne nous
importait pas, et qu'il nous suffisait de constater
ses effets manifestés par la loi de la vie. Nous di-
rons de même au sujet des fièvres et de leurs causes.
Nous ne pouvons presque jamais pénétrer la nature
de celles-ci ; mais que nous importe ? ne sont-elles
pas presque toujours hors de notre portée, et si
nous ne pouvons les atteindre pour les éloigner, à
quoi nous servirait de pénétrer leur nature ? Nous
ne cherchons pas davantage à deviner leur mode
d'action ; fidèles à notre doctrine, nous pensons
que ces recherches explicatives sont impossibles, et
ne peuvent conduire qu'à de fausses notions. Nous
nous bornons donc à établir que ces causes existent, non que nous les puissions voir et toucher,

mais parce que leurs effets se révèlent par l'organisme dans les maladies fébriles aiguës. Nous essayons de découvrir quels caractères spéciaux chacune de ces causes imprime aux fièvres, et nous tâchons par là d'établir la curation de celles-ci. C'est une étude que nous savons devoir faire; c'est là le grand point. Ainsi, par exemple, il me serait presque impossible de pouvoir dire en quoi consiste la cause de la fièvre stationnaire; mais l'ignorer ou la connaître, est tout un pour moi, puisque, d'un côté, cette cause est hors de ma portée, et que, de l'autre, son mode d'action est impénétrable, comme celui de toutes les causes. Seulement, observant des effets spéciaux, je conclus à son existence; et de ce fait découle toute une série d'études qui reste inconnue à celui qui ne part pas de ces principes. Sans ce raisonnement, on n'atteindra jamais à la connaissance de la véritable étiologie des fièvres; on se laissera toujours entraîner à vouloir pénétrer la nature intime des causes, et leur mode d'action; on sortira de la philosophie qui s'établit sur les rapports de causalité, et l'on se perdra infailliblement dans les voies de l'hypothèse.

Étude des fièvres en tant que manifestation extérieure, qu'acte. — Il faut d'abord porter son attention sur les caractères généraux des actes fébriles. Sous ce rapport on peut diviser les fièvres en aiguës et en chroniques, en normales et en anormales, ou autrement dit en bénignes et malignes, et enfin en légères et en graves. Chacune de ces divisions relève, comme on le voit, du mode général de la fièvre, de sa marche, de sa tendance, de sa façon d'être synthétique.

En dehors de ces divisions propres à toutes les fièvres et même à toutes les maladies, il reste à rechercher la nature spéciale des fièvres, et leurs types particuliers. Cette connaissance se tirera surtout de deux ordres de faits, les uns se rapportent au mode de réaction, les autres aux symptômes prédominants.

Fièvre déduite du mode de réaction. — Nous avons défini la fièvre une réaction de l'organisme, dont les grandes fonctions générales, circulation, innervation, calorification et assimilation, sont diversement modifiées. Nous avons remarqué que les deux premières de ces fonctions, c'est-à-dire la circulation et l'innervation sont bien évidemment distinctes et séparables; elles seules s'exécutent pour ainsi dire par des appareils spéciaux, tandis que la calorification et l'assimilation sont de ces fonctions si inhérentes à la matière vivante, si confondues dans chaque molécule, que l'on ne saurait presque trouver leur isolement dans l'organisme. Ces quelques réflexions feront peut-être voir pourquoi et comment les divisions des fièvres tirées des troubles dominants d'une des fonctions générales dont il s'agit, pourquoi ces divisions seront plus ou moins claires et faciles : ainsi peuvent prévaloir la réaction

de la circulation ou celle de l'innervation, d'où les
fièvres inflammatoires et les fièvres nerveuses. Ces
deux modes de réaction distincts de leur nature,
fournissent deux ordres de fièvres bien naturels,
et c'est aussi contre elles que le médecin possède
les moyens les plus nets et les plus puissants, la
méthode antiphlogistique et l'opium. Quant à la
calorification et à l'assimilation, les ordres de fièvres qu'elles peuvent fournir ne seront jamais aussi
séparés ni aussi sûrs. Toutefois on pourra rapporter
à la première ces fièvres chaudes où l'élément inflammatoire ne paraît pas pourtant dominer, et ces
fièvres algides où l'élément nerveux ne paraît pas
exclusivement prévaloir. C'est à ces sortes de fièvres que conviennent si bien, et les bains un peu
froids pour les premières et la surexcitation par la
chaleur extérieure, pour les fièvres algides. Quant
à l'assimilation, ne pourrait-on pas lui rapporter
ces fièvres dites putrides et adynamiques, qui ne
sont vraiment ni inflammatoires, ni nerveuses, ni
dues à un empoisonnement spécial. N'y a-t-il pas là
comme une dissolution de l'organisme, bien en opposition avec ses forces normales d'assimilation? A
ces fièvres se rapporte plus exclusivement l'emploi
du quinquina et de tous les stimulants diffusibles.
Telles sont les fièvres que nous proposerions comme
se rattachant au mode de réaction. Nous ne cherchons pas à démontrer leur existence en donnant la
description de chacune d'elles. Nous n'avons d'autre
but que d'établir leur logique, laissant de côté des

descriptions, que les grands maîtres de l'art ont d'ailleurs si bien tracées.

Viennent en second lieu les fièvres qui doivent leur caractère à la présence de certains symptômes prédominants, les bilieuses, muqueuses, comateuses, ataxiques, pétéchiales, etc.; je n'essayerai pas même d'en discuter le nombre. Ce serait trop difficile que de pouvoir dire avec raison : Celle-ci est, celle-là n'est pas, et n'a jamais été. Leur existence dépend réellement des temps, des lieux, des circonstances tant individuelles que générales. Parmi ces fièvres, les unes ont pu se perdre, et d'autres sont encore à naître et naîtront. C'est un cercle qu'il ne faut jamais fermer, si l'on veut qu'il soit toujours prêt à contenir les faits nouveaux. C'est un des grands résultats de la doctrine vitaliste, de cette doctrine qui juge tout d'après les rapports de causalité, de convenir non-seulement aux faits passés, mais encore aux faits à venir, quelque nombreux et complexes qu'on les suppose. Aussi est-ce avec cette seule doctrine que l'on peut comprendre les fastes les plus reculés de l'art, et seulement avec elle, on peut porter ses regards sur les conditions futures de la science de l'homme vivant : de telle façon que l'on ne demeure pas surpris ni embarrassé des variations que la médecine a eues à subir, non comme explication systématique, ceci appartient aux individus, mais comme faits réels, ceci est dû aux changements incessants des choses.

et aux rapports constamment nouveaux qui s'établissent entre l'homme et le monde extérieur.

Il nous reste en dernier lieu à étudier les fièvres *sous le rapport du but.* S'il y a des maladies critiques, ce sont les fièvres; mais on comprend d'avance que cette étude ne peut fournir matière à division pour les fièvres. La crise est l'élément le plus variable de la maladie; il ne peut d'ailleurs s'apprécier qu'à un moment donné, et lorsque déjà il a fallu déterminer la nature de la maladie. On ne peut donc donner ici qu'une division des crises elles-mêmes, et que les préceptes généraux qui s'appliquent au sujet en question. Or, je ne sais rien de plus beau que ce qu'ont écrit les anciens médecins sur les crises : pour eux, c'était le point culminant de la maladie, et ils y ont porté toute leur attention. Hippocrate, Galien, Baillou, Fernel, Sydenham, Boerhaave, Stoll, Van Swieten, de Haen, Bordeu, Baglivi, Hoffmann, tous les grands médecins enfin, jusqu'à l'avénement des systématiques modernes, tous, sans exception, ont tenu le dogme des crises pour l'un des plus grands, des plus vrais, des plus utiles de la médecine. Chaque page de leurs écrits est pleine de ces idées, et s'ils se sont élevés si haut dans la pratique, c'est surtout à ces idées qu'ils l'ont dû. Avec la seule science des crises, on deviendrait presque grand praticien; l'être sans elle, est impossible. Souvent elle seule a pouvoir d'empêcher que le médecin, qui devrait toujours être l'interprète de la nature, ne devienne un téméraire perturbateur des mouvements salutaires que détermine cette nature médicatrice.

Pour moi, je me sens tellement pénétré de la grandeur de cette question, que, désespérant d'en donner en quelques mots une idée suffisante, que, craignant de l'abaisser, s'il faut le dire, je renvoie aux écrits immortels de ces médecins qui ont su l'élever si haut. Je me rappelle, du reste, ce que Bordeu écrivait dans ses recherches sur les crises : il parle d'abord des qualités que doit avoir l'observateur qui veut fournir, au sujet des crises, des observations bien faites : « Ce ne serait point, dit-il, celui qui se contenterait de dire : j'ai vu, j'ai fait, j'ai observé, formules avilies aujourd'hui par le grand nombre d'aveugles de naissance qui les emploient. Au reste, continue-t-il quelques lignes plus loin, quel talent ne devrait pas avoir un bon observateur? Il ne s'agit point ici seulement d'être entraîné pour ainsi dire passivement, comme le praticien, et de recevoir un rayon de cette vive lumière qui accompagne le vrai, et qui force au consentement; il faut revenir de cet état passif, et peindre exactement l'effet qu'il a produit, c'est-à-dire exprimer clairement ce que l'on a perçu dans cette sorte d'extase, et l'exprimer par des traits réfléchis et combinés, de manière qu'ils puissent éclairer le lecteur, comme la nature le ferait. » Plus loin, passant des médecins observateurs aux médecins plus spécialement savants, Bordeu s'exprime ainsi : « Il y a des questions qui sont réservées pour les législateurs de l'art, telle est la doctrine des crises. J'appelle un législateur de l'art, le médecin philosophe qui a commencé par être témoin, qui de praticien est devenu grand observateur, et qui, franchissant les bornes ordinaires, s'est élevé au-dessus même de son état. Ouvrez les fastes de la médecine; comptez ses législateurs! »

Je termine ici ce que je dirai sur les fièvres, ayant à regretter de n'avoir pu enserrer plus de choses en ces pages, et d'être si incomplet, ou ayant à craindre, au contraire, d'avoir eu le désir d'y trop mettre, et par suite de n'avoir pas établi chaque chose sur des preuves suffisantes; j'aurais trop réussi si j'avais évité l'un et l'autre écueil, si j'avais su choisir ce qui importe le plus, et si en même temps j'avais donné à entrevoir sur quelles bases solides repose l'ensemble de ces idées.

J'aurais voulu, après cette étude des fièvres primitives, passer à celle des fièvres dites *symptomatiques*, des fièvres jointes à une affection locale, à des phlegmasies d'organes. Mais cela dépasserait les limites de ce travail, et je me borne à formuler cette proposition : dans une fièvre phlegmasique, la fièvre est identiquement la même que dans les fièvres proprement dites : elle subit les mêmes influences stationnaires, annuelles, épidémiques ; elle doit se juger et se dénommer d'après les mêmes modes de réaction, les mêmes symptômes prédominants. En un mot, c'est exactement une fièvre primitive, jointe à une phlegmasie locale, qu'elle ait ou non trouvé dans cette phlegmasie sa cause occasionnelle. C'est toujours d'après les caractères de cette espèce de fièvre primitive, jointe à la phlegmasie locale, qu'il faut déterminer le traitement, ou du moins on doit toujours appliquer le traitement qu'elle indique, sauf à remplir aussi les indications fournies par la phlegmasie spéciale. Ainsi, diagnostiquer une maladie pneumonie, c'est ne donner qu'un diagnostic incomplet, le diagnostic de la phlegmasie locale ; il faut en même temps diagnostiquer l'espèce de fièvre qui se joint à la pneumonie. Ainsi l'on aura la fièvre pneumonique inflammatoire, bilieuse, nerveuse, etc. On comprend l'importance pratique qui s'attache à de pareilles considérations.

Il est un reproche que beaucoup me feront, et que je ne veux pas paraître ne pas avoir prévu. « Combien, me diront-ils, venez-vous embarrasser un genre d'étude que l'on était parvenu à simplifier si fort. Une fièvre est connue pour nous, et nous la rangeons parmi les fièvres typhoïdes, au moyen de quelques signes, tels que gargouillement de la fosse iliaque, taches lenticulaires, etc. Nous portons après cela quelques regards sur le tempérament propre de l'individu, sur l'état de ses forces, et, joignant à ces considérations l'étude des symptômes les plus apparents, nous déduisons de cet ensemble si peu compliqué le traitement convenable. Nous vous adressons le reproche de vous reporter vers la médecine de ces temps anciens, médecine vague, nébuleuse, difficile, qu'il faut presque du génie pour l'éclaircir, mais où certainement doivent se perdre les praticiens ordinaires, et c'est pour ceux-là que l'on doit faire la science. Ainsi, vous ne croyez pas pouvoir connaître une fièvre, si vous ne connaissez à la fois et les caractères de la stationnaire qui règne, et ceux de l'annuelle présente, et ceux de l'intercurrente épidémique, s'il en existe une; votre premier soin, dites-vous, doit être de connaître ces fièvres, et d'établir leurs rapports du moment; puis, après cela, vous passez au cas individuel que vous avez sous les yeux, et là, il vous faut déterminer d'abord le caractère général de la fièvre, savoir si sa marche sera prompte ou lente, si elle est bénigne ou maligne, grave ou légère, trois séries d'études distinctes, quoique liées entre elles. Ce n'est pas tout : il vous faut déterminer les caractères spéciaux de la fièvre, soit d'après son mode de réaction, soit d'après ses symptômes prédominants; cela fait, vous avez à rapporter cette étude déjà complexe à la connaissance que vous devez avoir de la stationnaire, de l'annuelle, de l'intercurrente épidémique; il vous faut voir en quoi le cas particulier se rapproche ou s'éloigne de ces formes de fièvres régnantes, *afin de savoir si les mêmes symptômes signifient la même chose.* De toutes ces considérations combinées et comparées entre elles, vous déduisez enfin la curation que vous croyez convenable; mais quels espaces n'avez-vous pas à franchir afin d'en arriver là ! et encore vous placez-vous sous le coup de préoccupations incessantes, avec votre doctrine des crises ! Que de soins, que de peines ! Voilà pour les fièvres. Pour les phlegmasies, c'est pire encore ; car vous ne retranchez aucune des études qui précèdent, et vous ajoutez celles que commande la phlegmasie elle-même ! »

Cela est vrai, je l'avoue ; mais qu'y faire ? Doit-on fausser la science pour la simplifier ? J'ai cité, dans le cours de ce travail, quelques lignes de Sydenham sur la hauteur et sur la difficulté de la médecine, lignes bien senties, et d'un grand maître. Voici quelques paroles empruntées à l'une des plus pures lumières du vitalisme : « Messieurs, disait Frédéric Bérard dans son *Discours sur le génie de la médecine*, défiez-vous de ceux qui supposent ou qui font la médecine facile ; ils veulent parler sans doute de la médecine rabaissée au niveau de la petitesse de leur esprit. Mais certainement, telle n'est point la véritable médecine : elle ne mérite pas cet éloge ou cette injure. »

BIBLIOTHÈQUE ROYALE

www.ingramcontent.com/pod-product-compliance
Lightning Source LLC
Chambersburg PA
CBHW061348060726
47597CB00003B/769